Beiträge
zur Natur- und Kulturgeschichte Lithauens und angrenzender Gebiete.

Herausgegeben von Prof. Dr. **E. Stechow.**

———

Vegetationsstudien
auf lithauischen und
ostpreussischen Hochmooren

von Dr. **H. Reimers**-Berlin und Dr. **K. Hueck**-Berlin.

Mit 12 Tafeln, 2 Karten und 14 Textabbildungen.

Abhandlungen der math.-naturw. Abteilung der Bayer. Akademie der Wissenschaften.
Suppl.-Band. 10. Abhandlung.

München 1929.
Verlag der Bayerischen Akademie der Wissenschaften
in Kommission des Verlags R. Oldenbourg München.

Vegetationsstudien auf lithauischen und ostpreussischen Hochmooren

von Dr. **H. Reimers**-Berlin und Dr. **K. Hueck**-Berlin.

Mit 12 Tafeln, 2 Karten und 14 Textabbildungen.

Einleitung.

Schon lange war bei unseren gemeinsamen Besuchen deutscher Gebirgs- und Flachlandshochmoore der Wunsch entstanden, die schönsten deutschen Seeklima-Hochmoore, die des Memel-Deltas in Ostpreußen, kennen zu lernen. Seit C. A. Webers klassischer Augstumalmoor-Arbeit haben die ostpreußischen Hochmoore wiederholt sowohl Botaniker wie Geologen in ihren Bann gezogen. Alle bisherigen Arbeiten lassen deutlich erkennen, daß hier im Gegensatz zu den überwiegend toten Hochmooren Nordwest-Deutschlands noch jetzt ausgedehnte l e b e n d e Hochmoore mit weiten unberührten Zentralflächen vorhanden sind, deren so überaus interessante Randzonen ebenfalls noch auf weite Strecken ihren natürlichen Charakter bewahrt haben. Es war uns nicht nur klar, daß die großen ostpreußischen Hochmoore auf deutschem Boden die besten Objekte für das Studium aller Probleme des lebenden Seeklimahochmoores darstellen, sondern wir bekamen auch nach der bisher vorliegenden Literatur den Eindruck, daß ihre gute Ausbildung nicht allein auf die Verschonung durch die Kultur zurückzuführen ist, bezw. der tote Charakter der nordwestdeutschen Hochmoore nicht allein auf die Zerstörung durch den Menschen. Vielmehr scheint es sich um zwei verschiedene, klimatisch bedingte Hochmoortypen zu handeln. So ist z. B. die Charakterassoziation der nassesten Schlenken der ostpreußischen Hochmoore, die *Scheuchzeria-Carex limosa*-Assoziation, auf den nordwestdeutschen Hochmooren mindestens sehr selten, fehlt dort vielleicht sogar ganz. Jedenfalls hat der eine von uns (Reimers), der mitten im westholsteinischen Hochmoorgebiet aufgewachsen ist, nie etwas Derartiges in Nordwest-Deutschland a u f H o c h m o o r gesehen[1]). Dafür haben dort Heide-Assoziationen eine viel

---

[1]) G r i e s e b a c h führt in einer Aufnahme aus dem Jahre 1844 vom Bourtanger Moor *Scheuchzeria* als „selten" und *Carex limosa* als „sehr selten" an (A. G r i e s e b a c h, Über die Bildung des Torfs in den Emsmooren, 1845, Gesamm. Abh., 1880, S. 68). In seiner Liste lassen aber *Hydrocotyle, Orchis helodes* usw. vermuten, daß eine rüllige Stelle oder ein Laggbestand in die Aufnahme einbezogen wurde. Daß beide

größere Verbreitung als in Ostpreußen. Jüngst hat O s v a l d in den von ihm aufgefundenen verschiedenen Assoziationskomplexen, zu denen sich die Hochmoor-Assoziationen vereinigen, ein gutes Erkennungsmerkmal der einzelnen klimatisch bedingten Hochmoortypen gefunden. Auf den nordwestdeutschen Hochmooren spielen O s v a l d s „Regenerationskomplexe" anscheinend nicht die große Rolle wie auf den ostpreußischen Hochmooren. Sie scheinen vielmehr durch „Stillstandskomplexe" und andere Komplexe ersetzt zu werden. Von allen deutschen Mooren stimmen die ostpreußischen Hochmoore am besten mit dem durch O s v a l d s prächtige Komosse-Arbeit gut bekannten südschwedischen Hochmoortypus überein. So schöne Regenerations- und Teichkomplexe, Rüllen, Randgehänge und Lagge wie in Ostpreußen trifft man in Deutschland nirgends. Hier, und nicht in Nordwest-Deutschland, befinden wir uns im optimalen Gebiet des lebhaft wachsenden Seeklima-Hochmoores, und von hier zieht sich ihr Verbreitungsgebiet in breitem Streifen an der östlichen Ostsee nordwärts bis ins südliche Finnland. Dies allein lockte schon zu einem Besuch der ostpreußischen Moore. Obgleich diese Moore auch pflanzengeographisch verhältnismäßig gut erforscht sind, erschien es lohnend, die O s v a l d schen „Assoziationskomplexe", die man bei uns in Deutschland infolge unserer groben Assoziations-Unterscheidung bisher wenig erkannt und beachtet hat, wiederzufinden und die übrigen sich aus der Komosse - Arbeit ergebenden Vergleiche auszuführen.

Unser Plan nahm festere Formen an, als sich uns im Jahre 1924 Gelegenheit bot, unsere Reise über die Grenze hinaus auf die l i t h a u i s c h e n Hochmoore auszudehnen, die, wie ganz Lithauen, botanisch und noch mehr pflanzengeographisch fast völliges N e u l a n d d a r s t e l l e n. Dr. V. Vilkaitis, ein gebürtiger Lithauer, der sich damals in Berlin mit den brandenburgischen Hochmoor-Desmidiazeen beschäftigte und für unsere Fragen lebhaftes Interesse zeigte, machte uns den Vorschlag, mit ihm einige der größeren lithauischen Hochmoore zu besuchen. Wenn auch zu erwarten war, daß die lithauischen Hochmoore mit den ostpreußischen, besonders den höher gelegenen, übereinstimmen würden, so reizte doch das völlig Unbekannte mehr, sodaß wir den größten Teil unserer Zeit auf die lithauischen Moore verwandten, deren Auswahl Dr. Vilkaitis traf. Den Besuch der ostpreußischen Moore verschoben wir auf die Rückreise.

Unser Reiseweg war folgender:

14.—15. VII. 1924: Fahrt über Königsberg, Eydtkuhnen nach Kazlu-Rudos (an der Strecke nach Kowno).

15.—16. VII. nachts: Fahrt mit der ehemaligen deutschen Militärbahn (jetzt privaten Holz- und Torfbahn) nach der Torffabrik am Hochmoor Eżeretis.

16.—18. VII.: Hochmoor Eżeretis.

Pflanzen in den Schlenken der Hochfläche vorkamen, kann man daraus nicht schließen. In B u c h e n a u s „Flora der nordwestdeutschen Tiefebene" (1894) wird *Carex limosa* als „sehr zerstreut" angegeben und für *Scheuchzeria* eine ganze Anzahl Standorte angeführt, unter denen sich auch ausgeprägte Hochmoore befinden. Doch scheint nichts darüber bekannt zu sein, ob es sich bei diesen Standorten um Schlenken und Teiche der Hochfläche oder um Lagg- oder Rüllenteile handelt. In Schleswig-Holstein finden sie sich niemals auf ausgeprägten Hochmooren, sondern sind ganz auf oligotrophe Verlandungsmoore der östlichen Grundmoränenlandschaft beschränkt. Um so auffallender ist es, daß nach W e b e r über dem Grenzhorizont die Reste eines Scheuchzerietums liegen, mit dem das erneute Wachstum des Hochmoores beim Beginn der subatlantischen Zeit einsetzte.

18. VII. nachmittags: Fahrt mit der nördlichen Fortsetzung der Torfbahn nach Zapyškio am Njemen; Dampferfahrt nach Kowno.

19. VII.: Eisenbahnfahrt nach Vieksniu im nördlichen Lithauen an der Windau
(Strecke nach Libau).

20. und 21. VII.: Hochmoor K a m a n a i.

22. VII.: Eisenbahnfahrt über Schaulen nach Sideriu (an der Strecke Radviliskio—
Tauroggen).

23. VII.: Hochmoor T i r u l i a i.

24. VII.: Hochmoor S u l i n a i.

        Nachmittags: Fahrt nach Tauroggen.

25. VII.: Hochmoor D i d ž i o j i P l i n e.

26. VII.: Fahrt nach Tilsit.

27. und 28. VII.: G r o ß e s M o o s b r u c h.

29. VII.: N e m o n i e n e r H o c h m o o r.

31. VII.: Z e h l a u.

Daß unser Programm mit so ausgezeichneter Pünktlichkeit durchgeführt werden konnte,
dafür schulden wir vor allem Herrn Dr. V. Vilkaitis (jetzt in Dotnuva) unseren tiefsten
Dank. Von der Besorgung des Visums an bis zum Verlassen des lithauischen Bodens bei
Tauroggen hat er alle reisetechnischen Angelegenheiten für uns erledigt und vor allem auch
hinsichtlich der Quartiere und Beförderung von der Bahn zu den Mooren schon vor der
Reise die nötigen Vorbereitungen getroffen. In entgegenkommendster Weise ließ er uns beim
Besuch der einzelnen Moore völlig freie Hand in Bezug auf die Dauer des Aufenthalts und
die Wahl der zu untersuchenden Moorteile, obgleich es ihm selbst bei der Reise auf das
Sammeln von Desmidiaceenproben ankam[1]). Der lithauische Gesandte in Berlin, Herr
Dr. V. Sidsikauskas, bewirkte uns in dankenswerter Weise finanzielle Erleichterungen bei
Visum und Bahnfahrten in Lithauen. Ein von ihm ausgestelltes Empfehlungsschreiben
war für uns in Lithauen sehr von Vorteil. Herr Prof. Dr. L. D i e l s - Berlin ermöglichte
dem einen von uns (H u e c k) die weite Reise durch eine geldliche Beihilfe, wofür dieser
auch hier seinen ergebensten Dank aussprechen möchte. Desgleichen sei allen Übrigen, die
zum Gelingen unseres Unternehmens beigetragen haben, insbesondere Herrn Dr. D. Jasaitis
in Ežeretis, Förster D a u g e r d a s in Bugoi Meishi und Lehrer J. Vilkaitis in Tauroggen
für ihre mannigfache Unterstützung aufrichtig gedankt.

Bei der Kürze der zur Verfügung stehenden Zeit konnte es sich nur um die Ge-
winnung allgemeiner Eindrücke handeln. Wir haben zunächst eine Reihe von Hochmoor-
beständen, die uns einheitliche Assoziationen zu sein schienen, quantitativ aufgenommen[2]).
Über die Assoziation hinaus haben wir aber auch Assoziationskomplexe wiederzugeben ver-

---

[1]) Über seine Ergebnisse hat Herr Dr. Vilkaitis bereits im „Jahresbericht der Landwirtschaftlichen
Akademie in Dotnuva 1925—26" berichtet.

[2]) Bei der Notierung der Moose und Flechten, die zu einem großen Teil nach der Rückkehr bestimmt, bezw. nachbestimmt werden mußten, bedienten wir uns einer von H u e c k schon länger angewandten
Methode, die sich sehr bewährte. Von einem in der Mitte durchlochten Block mit doppelten fortlaufen-
den Nummern wird der eine Teil zu der betreffenden Probe gelegt, während in die Assoziationsliste
vorläufig die Nummer [z. B. Sph. (agnum) 93, Drep. (anocladus) 94] mit Deckungsgrad eingetragen wird.
Die mit der gleichen Nummer zurückbleibende Hälfte dient zu weiteren Bemerkungen, z. B. zur Angabe
von Fundort und Fundzeit bei Proben außerhalb der Assoziationslisten.

sucht und zwar durch an Ort und Stelle gezeichnete Skizzen, die die Verteilung der Assoziationen auf kleinen Moorausschnitten darstellen. Wenn wir solche Skizzen von Assoziationskomplexen erst einmal aus den verschiedensten deutschen Hochmoorgebieten haben, dürfte die Frage der klimatischen Hochmoortypen auch bei uns einer Lösung näher kommen. Sie allein genügen allerdings noch nicht. Das nächste Ziel wären Karten, die die Verteilung der Assoziationskomplexe innerhalb des ganzen Moores zeigen, wie sie Osvald auf S. 318, 365 und 372 seiner Komosse-Arbeit gegeben hat. Damit beginnt aber schon die monographische Bearbeitung. Jedenfalls sind unsere üblichen Karten, die nur Verteilung von Hoch-, Zwischen- und Flachmoor zeigen, und alle Aufnahmen, die beispielsweise die gesamte zentrale Hochfläche als einheitlichen Bestand behandeln, viel zu grob. Daß wir nicht mit Quadraten arbeiteten und den Deckungsgrad nur schätzten, ergibt sich aus der Kürze der Zeit. Unbefriedigend war die Feststellung der Zu- und Abflußverhältnisse, sowie die der Rüllen und Lagge. In Deutschland liefern die Meßtischblätter mit ihren Höhenlinien hierfür eine bequeme Grundlage. In Litauen waren wir auf die überdies vielfach ungenaue Reymannsche Karte von Mitteleuropa 1 : 200 000 angewiesen. Spätere Bearbeiter dürften sich mit Vorteil besonders bei längerem Aufenthalt der Katasterkarten als Grundlage bedienen, auf die uns nachträglich Herr Prof. Regel-Kowno aufmerksam machte, die aber wahrscheinlich auch keine besseren Höhenangaben enthalten.

Die Feldaufnahmen wurden mit geringen Ausnahmen gemeinsam ausgeführt. Die Abfassung des Textes, Bestimmung der Moose und Zeichnung der Karten und Skizzen besorgte Reimers; die Photographien Hueck.

I. Das Hochmoor Eżeretis.

Das Hochmoor von Eżeretis liegt 14 km südwestlich von Kowno auf der Hochebene südlich des Njemen. Die Reymannsche Karte gibt für das Moor 71 m, für die nördlichen Randhöhen 81 m an, während das benachbarte Njemental nur 18 m hoch liegt. Die Größe des Moores beträgt nach derselben Quelle etwa 1500 ha. Es hat etwa die Gestalt eines rechtwinkligen Dreiecks. Die ziemlich geradlinige Nordgrenze bildet die eine, die unregelmäßige Westgrenze die andere Kathete. Die verschiedene Form dieser Grenzen rührt daher, daß die vorwiegend ostwestlich streichenden Höhenzüge im Westen als Halbinseln unter das Moor untertauchen. Im Südwesten wird ein Teil des Moores, die „Südwestbucht", durch zwei vorspringende Waldhalbinseln fast vom Hauptmoor abgeschnürt. In der Mitte des Moores, jedoch dem Nordrand genähert, liegen zwei große Restseen, durch eine etwa 900 m lange und kaum 100 m breite Flachmoorsenke mit einander verbunden. Vom größeren „Ost-See" (etwa 30 ha) sickert das Wasser sehr langsam, ohne daß ein Bachlauf ausgebildet wäre, durch die Verbindungssenke zum „West-See" (etwa 25 ha), und findet seinen Abfluß von hier nordwärts durch einen 4—5 m in die Moorfläche eingesenkten geradlinigen künstlichen Graben, der vor 20—30 Jahren angelegt wurde. Bei unserm Besuch führte dieser Graben nur wenig Wasser. Der Abflußgraben macht noch weit nordwärts, wo er durch moorige, jetzt für die Torffabrik im Abbau begriffene Niederungen führt, einen künstlichen Eindruck. Erst in dem nördlichen Waldgebiet dürfte er in einen natürlichen, dem nahen Njemen zufließenden Bach einmünden. Wahrscheinlich bestand in dieser Richtung kein natürlicher Abfluß. Die beiden Seen dürften überhaupt ursprünglich völlig abflußlos gewesen sein. Natürliche zum Njemen führende Entwässerungsrinnen sind vielmehr am Nordostende des Moores zu suchen. Außerdem dürfte das Moor aber, und zwar überwiegend, südwestwärts und südwärts zur Jura und ihren Nebenflüssen entwässern. Hier liegen weite versumpfte Waldgebiete, in denen eine Orientierung sehr schwer ist. Jedenfalls haben wir es mit einem typischen Wasserscheidenmoor und überwiegendem Transgressionskomplex zu tun.

Die Torffabrik und die sich daran anschließende Siedelung, in der wir unser Standquartier hatten, liegt am Nordrand des Moores bei Punkt 81 m der Reymannschen Karte. Sie ist mit der schon im Reisebericht genannten Schmalspurbahn von Kazlu-Rudos aus zu erreichen, kürzer mit der nördlichen Fortsetzung derselben von Zapyškio am Njemen, wohin man mit den regelmäßig zwischen Kowno und Jurborg verkehrenden Dampfern gelangt.

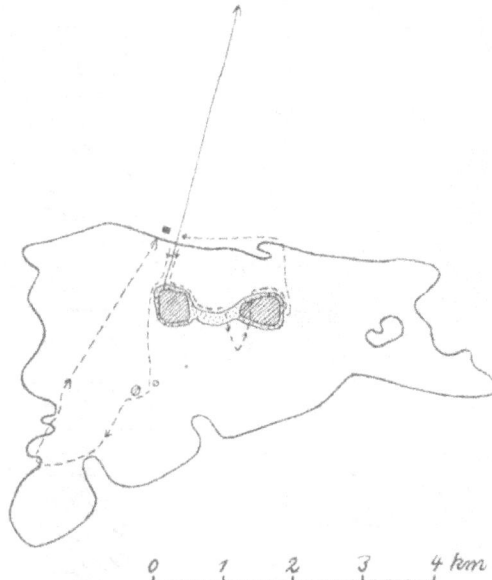

Textfig. 1. Hochmoor Eżeretis. 1:100000.

Die zentrale Fläche des Hochmoores enttäuschte zunächst sehr. Gräben waren zwar nur auf einem kleinen Streifen am Nordrand gezogen und ein Abbau schien auf dem eigentlichen Moor noch garnicht stattgefunden zu haben. Aber auf der ganzen weiten Fläche war die ursprüngliche Vegetation mit Ausnahme der nächsten Umgebung der beiden Seen, einiger Kolke und einiger Randgebiete, z. B. der Südwestbucht, durch einen schon mehrere (wohl 10) Jahre zurückliegenden Brand zerstört oder mindestens stark beeinflußt worden. In weitem Abstand standen die verkohlten Stämme und Stümpfe der Krüppelkiefern. Stattdessen waren überall junge Birken aufgewachsen, im zentralen Teil ebenfalls in weitem Abstand (10 m und mehr), in den Randgebieten in dichterem Stand (vgl. Taf. 1 Abb. 1). Als weiterer Neuansiedler infolge des Brandes war stellenweise *Epilobium angustifolium* vorhanden.

414

Als Beispiel für die Sekundärvegetation der abgebrannten Hochmoorfläche sei eine Aufnahme etwa 300 m südwestlich des West-Sees wiedergegeben.

Ursprünglich bestand die Vegetation an der Aufnahmestelle offenbar aus einem schlenkenreichen Regenerationskomplex. Auch jetzt nach dem Brande setzt sich die Vegetation ungefähr zu gleichen Teilen aus zwei netzartig miteinander verbundenen Assoziationen zusammen: einer höher gelegenen Calluna-Heide und wenig tiefer gelegenen flachen Andromeda-Schlenken (vgl. Taf. 1 Abb. 1). Die Heide hat sich offenbar erst nach dem Brand wieder entwickelt und ist noch niedrig. Auch auf den höheren Teilen war *Sphagnum* früher vorhanden. Die durch den Brand zerstörten Bulte ragen überall als

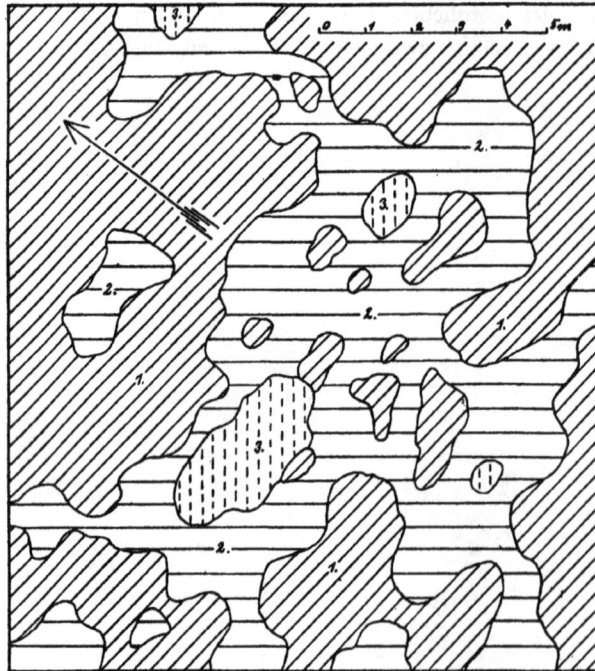

Textfig. 2. Hochmoor Eżeretis.
Durch Brand veränderter Regenerationskomplex südwestlich des West-Sees. (1. *Calluna*-Heide, 2. *Andromeda*-Assoziation, 3. *Rhynchospora*-Assoziation. — Der Pfeil gibt die Gefällsrichtung an.)

schwarze Unebenheiten hervor, sodaß das Moor den Eindruck macht, als sei es umgegraben. Nackter Torf kommt unter und zwischen der Heide wie auch in den Schlenken vielfach zum Vorschein. Statt der Sphagna hat sich *Polytrichum* in der Heide stark ausgebreitet. Die Zusammensetzung der Calluna-Heide war folgende:

Betula alba ($^1/_2$—1 m hoch) 1

Calluna vulgaris 4
Empetrum nigrum 1
Ledum palustre 1—

Rubus chamaemorus 1—

Rhynchospora alba 1—2 (etwas tiefere Stellen)

Polytrichum strictum 4.

Die ebenfalls noch ziemlich trockenen A n d r o m e d a - S c h l e n k e n zeigten folgende Zusammensetzung:

Andromeda polifolia 3	Sphagnum medium 4
Vaccinium oxycoccus 2	Sphagnum fuscum 2
Drosera rotundifolia 2	Sphagnum balticum 2
Drosera anglica 2	Leptoscyphus anomalus 1—
Eriophorum vaginatum 2	Cephalozia connivens 1—
———————	Calypogeia sphagnicola 1—
	Cephalozia fluitans 1—.

Stellenweise waren in die *Andromeda*-Schlenken noch tiefer gelegene und feuchtere R h y n c h o s p o r a - S c h l e n k e n eingesenkt, für die nachstehende Zusammensetzung gilt:

Rhynchospora alba 3	Andromeda polifolia 1
Vaccinium oxycoccus 3—4	Scheuchzeria palustris 1
Drosera rotundifolia 2	———————
Eriophorum vaginatum 2	Sphagnum cuspidatum 4.

Die beiden Schlenkenbestände waren vielfach auch nackt (mit fehlender oder stark zurücktretender *Sphagnum*-Bodenschicht) ausgebildet. Die zonale Anordnung dieser drei Assoziationen zeigt die Textfig. 2. Interessant ist, daß die Sphagna und *Eriophorum vaginatum* unter dem Brand offenbar am meisten gelitten hatten, während die Zwergsträucher sich verhältnismäßig schnell erholt haben. Komplexe aus den geschilderten drei Beständen scheinen den größten Teil des Moores zu bedecken.

Auf der Hochfläche etwa 400 m südlich vom Westende des Ost-Sees trafen wir auf einen anderen Komplex, in dem zunächst ausgedehnte *Rhynchospora*-Bestände auffielen. Die Heidebulte treten dagegen sehr zurück und sind flach. Außerdem beteiligen sich ziemlich ausgedehnte nackte Torfflächen an der Zusammensetzung des Komplexes. Sie tragen häufig destruktive Fragmente einer *Eriophorum-Andromeda*-Assoziation in Gestalt von isolierten *Eriophorum*-Bulten und Pfeilern und sind größtenteils von einem feinen *Zygogonium*-Häutchen überzogen (vgl. Textfig. 3). Die Zusammensetzung der einzelnen Bestände ist folgende:

1. Calluna-Heide.

Pinus silvestris (5—7 m hoch) 1—	Polytrichum strictum 2
Betula alba (¹/₂—1 m hoch) 1——	Dicranum Bergeri 2
———————	Pleurozium Schreberi 1
Calluna vulgaris 4	Aulacomnium palustre 1—2
Ledum palustre 2	Sphagnum rubellum 3
Vaccinium uliginosum 2	Sphagnum molluscum 1—
Vaccinium oxycoccus 2	Leptoscyphus anomalus 1—
Rubus chamaemorus 1	Lepidozia setacea 1—
Eriophorum vaginatum 1	Cephalozia macrostachya 1—
Drosera rotundifolia 1—2	Cladonia silvatica 1
———————	Cladonia rangiferina 1.

2. Fragmente der Eriophorum-Andromeda-Assoziation.

Andromeda polifolia 2—3

Eriophorum vaginatum 4

Sphagnum rubellum 3

Sphagnum balticum . 2

Lepidozia setacea 1

Cephalozia macrostachya 1 (z. T. in ausgedehnten reinen Rasen)

Cladonia silvatica 1

Cladonia pyxidata 1.

3. Rhynchospora-Schlenke.

Rhynchospora alba 4

Eriophorum vaginatum 2

Andromeda polifolia 1

Drosera rotundifolia 2

Sphagnum cuspidatum var. plumosum 3

Lepidozia setacea 1.

4. Zygogonium-Schlenke.

Zygogonium ericetorum 4 (stellenweise 5)   Dicranella cerviculata 1—.

Das Aussehen der nackten Torfflächen mit dem *Zygogonium*-Häutchen im feuchten und trockenen Zustand zeigt Taf. 1 Abb. 3 und 4.

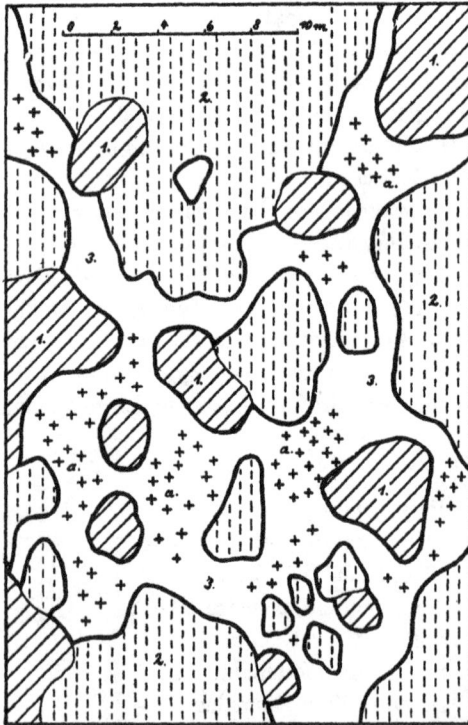

Textfig. 3. Hochmoor Eżeretis. *Rhynchospora*-Komplex südlich vom Westende des Ost-Sees. (1. *Calluna*-Heide, 2. *Rhynchospora*-Assoziation, 3. Nackter Torf mit *Zygogonium* und Fragmenten der *Eriophorum-Andromeda*-Assoziation [3 a]).

Dieser Komplex macht den Eindruck, als seien die Wirkungen des Brandes, die sich noch in dem Birkennachwuchs und den verkohlten Kiefernstämmen zu erkennen geben, schon größtenteils überwunden. Das reiche Vorkommen von *Rhynchospora*-Schlenken könnte möglicherweise natürlich bedingt sein. Der Komplex zeigt (z. B. in dem reichlicheren Vorhandensein der *Rhynchospora alba*-Assoziation und der *Zygogonium*-Schlenken) Ähnlichkeit mit Osvalds *Rhynchospora*-reichem Regenerations-Komplex. Dieser vermittelt nach Osvald zwischen dem typischen Regenerationskomplex und dem Stillstandskomplex. Auch hier waren Erosionswirkungen überall in den *Zygogonium*-Schlenken erkennbar. Bezeichnend ist auch seine Lage auf schwach gegen den Ost-See und die Verbindungssenke geneigtem Hochmoor.

Einen anderen *Rhynchospora*-Komplex, den wir dagegen ganz auf den Brand zurückführen möchten, trafen wir bei der Überquerung der Südwestbucht. Der bis 5 m hohe, allerdings noch lichte Kiefernbestand dieses abgeschnürten Moorteiles spricht für flachgründigen Torf. Solche Baumbestände fanden wir als charakteristisch für die randnahe

Facies des Hauptregenerationskomplexes, die auf flach ausstreichenden Hochmoorrändern auftritt. Die Facies unterscheidet sich vom Typus durch dichteren höheren Baumwuchs und das Zurücktreten der Schlenken, ist jedoch vom eigentlichen Randkomplex durch immerhin noch verhältnismäßig lichten Baumbestand, das noch geringe Auftreten von *Ledum*, *Rubus chamaemorus* und das noch völlige Fehlen von Waldmoosen verschieden. Die durch den Brand veränderte Bodenvegetation setzte sich ungefähr zu gleichen Teilen aus *Calluna*-Heide und reich verzweigten *Rhynchospora*-Schlenken zusammen (Taf. 1 Abb. 2). Die Höhenunterschiede zwischen beiden waren gering. Der Brand war auch hier deutlich an den bis zu 1 m hohen verkohlten Kiefernstämmen und dem spärlichen Birkennachwuchs erkennbar. Die Heide dürfte ihr Gebiet noch nicht völlig wiedererobert haben und die freiliegenden Torfflächen wurden inzwischen von der „Ruderalpflanze" unter den Hochmoorbewohnern, *Rhynchospora alba*, besetzt. Daß *Rhynchospora* tatsächlich die ruderalste Tendenz unter den Hochmoorpflanzen zeigt, dafür machten wir später auf demselben und anderen Mooren immer wieder Beobachtungen. Diese Eigenschaft gibt sich übrigens auch darin zu erkennen, daß in allen Komplexen, in denen die Erosion eine mehr oder minder große Rolle spielt, *Rhynchospora*-Assoziationen stärker vertreten sind.

Für die Enttäuschung, die uns die durch Brand zerstörte oder mindestens stark beeinflußte Vegetation der Hochfläche bereitete, wurden wir zunächst entschädigt durch die Auffindung zweier prächtiger, tief in die Hochfläche eingesenkter großer Kolke. Wir trafen sie bei der Überquerung der großen zentralen Hochfläche etwa in der Mitte zwischen West-See und der Spitze der Diluvialhalbinsel, die den Eingang zur „Südwestbucht" im Osten flankiert. Der kleinere östliche Kolk hat einen Durchmesser von etwa 20 m; der größere, etwa 150 m westsüdwärts gelegene ist etwa 40 m lang und 20 m breit und besitzt eine Insel. Die Größe, die tiefe plötzliche Einsenkung und der randkomplex-artige Charakter der anstoßenden Hochfläche berechtigen die Unterscheidung dieser beiden Gebilde als Kolke gegenüber normalen Schlenken. Beide Kolke zeigen eine geradezu ideale zonale Anordnung der vom Brande verschont gebliebenen Randassoziationen. Sie werden außen von einem bis zu 15 m breiten, *Ledum*- und *Rubus*-reichen, sehr bultigen *Calluna*-Bestand (Assoziation 2 in Textfig. 4 und 5) umgeben. Am Südrande des Ostkolkes war diese Zone offenbar vor dem Brande teilweise als niedrigerer *Pinus*-Wald mit ähnlichem Unterwuchs ausgebildet gewesen. Darauf deuten dicke, ziemlich dicht stehende, verkohlte Kiefernstubben hin. Nach einem deutlichen Steilabfall, der die üppigsten *Sphagnum*-Polster trägt, folgt einwärts eine ebenfalls fast rings geschlossene A n d r o m e d a - Z o n e (Assoziation 3 in Textfig. 4 und 5), die nur noch wenig über dem Wasserspiegel liegt und sich zu diesem langsam senkt. Diese Assoziation tritt in Form von Schlenken auch in dem südlichen *Calluna*-Randgürtel des Ostkolkes und diesem Gürtel vorgelagert an der Nordostseite des Westkolkes auf. Als nächste Zone folgt einwärts ein *Carex limosa - Scheuchzeria* - Schwingrasen (5), darauf die offene Wasserfläche, in der Mitte mit einem reinen *Nymphaea*-Bestand (7), am Rande in breitem Gürtel durchsetzt von flutendem *Sphagnum cuspidatum* (6). Am Westkolk ließ sich zwischen *Andromeda*-Zone und dem *Carex limosa*-Schwingrasen dort, wo der Abfall zur Wasserfläche langsamer vor sich geht, noch eine besondere *Rhynchospora*-Assoziation (4) aussondern.

Die Zusammensetzung der einzelnen Assoziationen war folgende, wobei die Aufnahmen beider Kolke gleich zusammen wiedergegeben werden:

2. Ledum- und Rubus-reiche Calluna-Heide.

[Pinus silvestris 1—2 (Stümpfe und Nachwuchs)]

Betula alba (¹/₂—1 m hoch) 1—2

————

Calluna vulgaris 3
Ledum palustre 2
Rubus chamaemorus 2
Empetrum nigrum 2
Andromeda polifolia 1

Vaccinium uliginosum 2 (Westkolk)
Eriophorum vaginatum 2

————

Polytrichum strictum 2—3
Sphagnum fuscum 1—2
Sphagnum rubellum 1
Pleurozium Schreberi 1—2
Aulacomnium palustre 1 (Westkolk).

2a. Sekundärvegetation des abgebrannten Pinus-Ledum-Randwaldes am Ostkolk.

[Pinus silvestris 2—3 (Stümpfe und Nachwuchs)]

Betula alba (¹/₂—1 m hoch) 1

————

Calluna vulgaris 3
Ledum palustre 2

Rubus chamaemorus 3
Epilobium angustifolium 1

————

Polytrichum strictum 2
Ceratodon purpureus 1.

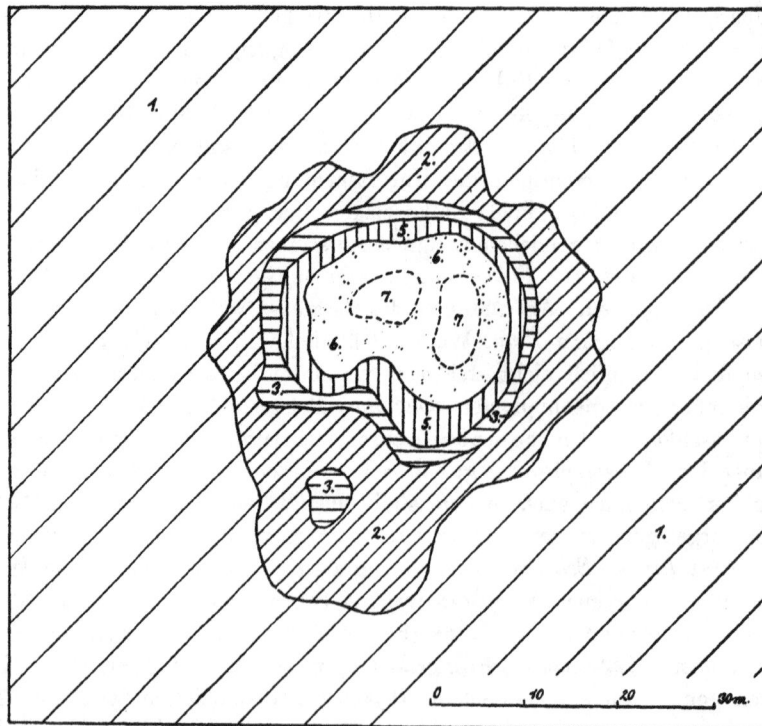

Textfig. 4. Hochmoor Ežeretis. „Ostkolk." (1. *Calluna*-Heide, 2. *Ledum*- und *Rubus chamaemorus*-reiche *Calluna*-Heide, 3. *Andromeda*-Assoziation, 4. *Rhynchospora*-Assoziation, 5. *Carex limosa-Scheuchzeria*-Assoziation, 6. *Nymphaea-Sphagnum cuspidatum*-Assoziation, 7. Offenes Wasser mit *Nymphaea*).

3. Andromeda-Assoziation.

Andromeda polifolia 3
Rubus chamaemorus 1
Vaccinium oxycoccus 2—3
Drosera rotundifolia 2
Drosera anglica 2—3 (Westkolk)

Rhynchospora alba 1

Sphagnum rubellum 4
Sphagnum medium 2
Sphagnum fuscum 1—2.

4. Rhynchospora-Assoziation.

Rhynchospora alba 3
Carex limosa 1
Vaccinium oxycoccus 1—2

Sphagnum cuspidatum 5.

5. Carex limosa-Scheuchzeria-Assoziation.

Carex limosa 3—4
Scheuchzeria palustris 1—2
Vaccinium oxycoccus 1—2

Carex rostrata 1— (Westkolk)

Sphagnum cuspidatum var. falcatum 5.

6. Nymphaea-Sphagnum cuspidatum-Assoziation.

Nymphaea candida 2—3
Nuphar luteum 1—2
Utricularia minor 1

Sphagnum cuspidatum var. submersum und
plumosum 4
Drepanocladus fluitans 1.

7. Reiner Nymphaea-Bestand.

Nymphaea candida 1—2.

Die Abb. 7 auf Taf. 2 zeigt die zonale Folge der Assoziationen auch ganz gut im Lichtbild. Etwa weitere 150 m westlich vom Westkolk trafen wir noch einen kleineren flachen Kolk, der ganz mit der *Carex limosa-Scheuchzeria*-Assoziation zugewachsen war. Hier könnte man auch schon von einer vergrößerten Schlenke sprechen.

Rüllen haben wir auf dem Moor nicht gesehen. Das Randgehänge ist sehr schwach ausgeprägt, die Ränder streichen ganz flach aus und auch die Gesamtwölbung ist sicher nur gering. Den Übergang zum Diluvium sahen wir an vier Stellen. Nahe bei der Torffabrik war östlich des Abflußgrabens ein 10 m breiter, wenig eingesenkter und nicht sehr nasser Randlagg ohne offenes Wasser mit

Eriophorum vaginatum 4
Vaccinium oxycoccus 4
Drosera rotundifolia 2

Sphagnum cuspidatum 3

vorhanden, der 200 m weiter östlich allmählich undeutlicher wurde und hier nur eine flache Rinne mit

Pinus silvestris (bis 10 m hoch) 3
Eriophorum vaginatum 4

und nacktem Torf dazwischen darstellte. Dieser Lagg mündete in den Abflußgraben und
ließ sich westlich desselben nicht weiter verfolgen. Das Randgebiet westlich des Abflußgrabens ist übrigens am stärksten verändert. Etwa 500 m westlich der Torffabrik stieß
das durch Gräben entwässerte Moor trocken an die hohen Dünen.

Nördlich vom Ostende des Ost-Sees war der Lagg nur als etwas feuchtere, etwa 5 m
breite, flache Rinne mit größtenteils nacktem Torf und destruktiven *Eriophorum vaginatum-*
Bulten (Deckungsgrad 2—3) ausgebildet.

Den gleichen Charakter trug der Lagg an der vorspringenden Diluvialhalbinsel östlich
vom Eingang zur großen Südwestbucht und an den Stellen des Westrandes dieser großen
Bucht, die wir berührten.

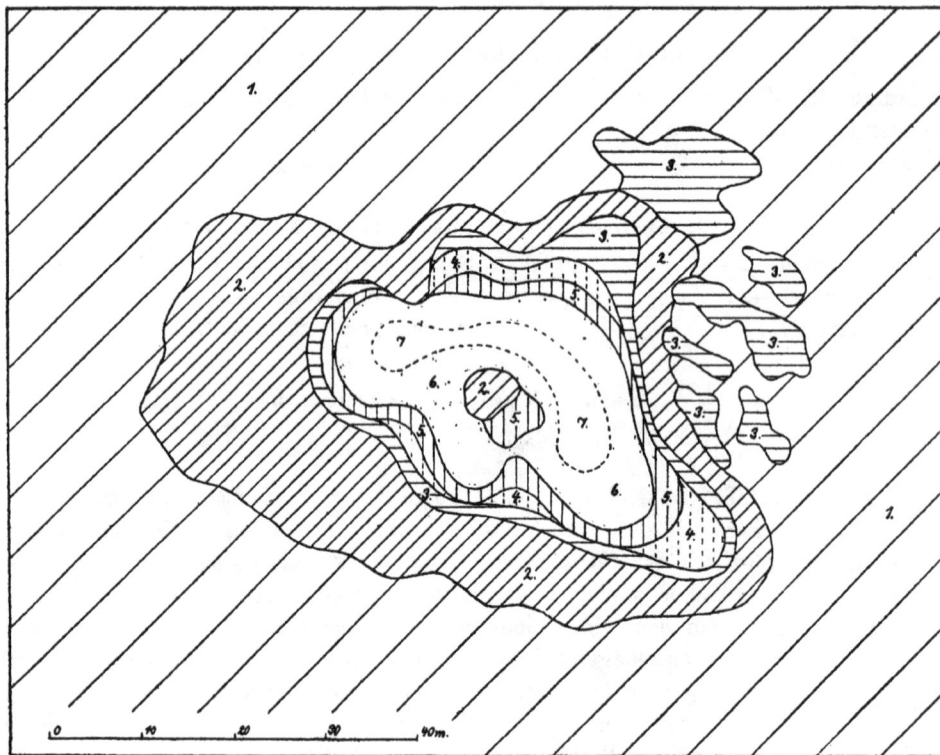

Textfig. 5. Hochmoor Eźeretis. „Westkolk.“

Hier hatten wir Gelegenheit, die Randverhältnisse etwas genauer zu untersuchen, die
durch die vielen vorspringenden Halbinseln verwickelter werden. Diejenige Halbinsel (I),
an der wir den Westrand erreichten, besitzt den gekennzeichneten Lagg nur an ihrer Ostspitze. An ihrem Nord- und Südrand greift hoher *Pinus-Ledum-*Randwald auf Torf westwärts in die Buchten weit hinein, die trockenen Fußes zu erreichen sind.

Die nördlichere Bucht, die wir auf dem Rückmarsch durchquerten und deren Vegetation vom Brande völlig verschont geblieben ist, wird in ihrer Mitte von einem stark bultigen Regenerationskomplex in randnaher Facies eingenommen. Er geht nach Süden, Westen und Norden in dichten hohen *Pinus-Ledum*-Randwald über. Im mittleren Teil stehen die Kiefern lichter und bleiben krüppelig. Schlenken sind hier schlecht ausgeprägt. Nur undeutlich läßt sich ein Wechsel von höheren kleinen *Calluna*-Bulten und tiefer gelegenen Fragmenten einer *Andromeda*-Assoziation herauslesen:

Pinus silvestris (1—4 m hoch) 53 Exemplare auf 400 qm,
Pinus silvestris (¹/₂ m hoch) 7 Exemplare auf 400 qm,
Betula alba (¹/₂ m hoch) 9 Exemplare auf 400 qm.

a) **Calluna-Bulte:**

Calluna vulgaris 3—4
Ledum palustre 2
Andromeda polifolia 1
Empetrum nigrum 1
Vaccinium oxycoccus 2
Vaccinium uliginosum 1—
Eriophorum vaginatum 2
Drosera rotundifolia 1

Polytrichum strictum 1
Sphagnum medium 4
Sphagnum rubellum 2.

b) **Andromeda-Assoziation:**

Andromeda polifolia 3
Calluna vulgaris 1—2
Vaccinium oxycoccus 1—2
Eriophorum vaginatum 3
Drosera rotundifolia 1

Polytrichum strictum 1
Sphagnum medium 4
Sphagnum rubellum 2.

Vielleicht würde Osvald diesen Komplex schon seinem „Randkomplex" einordnen (vgl. Taf. 2 Abb. 5 und 6).

Nach Überquerung der nördlich anschließenden, schmalen Diluvialhalbinsel (II) trafen wir nördlich derselben eine schmale Hochmoorbucht, die einen sehr nassen *Pinus-Eriophorum*-Wald trug:

Pinus silvestris (bis 10 m hoch) 3
Betula alba (bis 10 m hoch) 2

Eriophorum vaginatum 4—5
Andromeda polifolia 3
Vaccinium uliginosum 3
Ledum palustre 3

Vaccinium oxycoccus 2
Drosera rotundifolia 2

Sphagnum mucronatum var. majus 4—5
Polytrichum strictum 2 (einzelne Bulte)
Sphagnum medium 2 (einzelne Bulte).

Diese Assoziation stimmt (ausschl. *Vaccinium uliginosum*) gut mit dem nassen Wollgras-Kiefernwald der brandenburgischen Moore überein (vgl. Hueck, S. 338). Es handelt sich hier wahrscheinlich um eine Zu- oder Abflußrinne des Hochmoores. Weiter nordwestlich ging in der Rinne der *Pinus-Eriophorum*-Wald schnell in ein nasses Erlenbruch ohne Sphagna über. Zur Orientierung späterer Besucher des Moores sei bemerkt, daß von hier aus nordnordostwärts durch *Pinus-Ledum*-Randwald auf Torf eine weitere Diluvialhalbinsel (III) erreicht wurde, die an der weit vorspringenden, flachen Ostspitze abgeholzt und hier von einem schmalen *Eriophorum*-Lagg umgeben war.

Der interessanteste Teil des Moores sind die beiden Restseen mit ihrer näheren Umgebung. Zwei so große Seen mit einer verbindenden Flachmoorsenke rings von Hochmoor eingeschlossen dürften eine einzigartige Erscheinung sein, die ihresgleichen sucht. Das Moor hat diese umfangreiche meso- bis eutrophe Wasser- und Moorfläche noch nicht absorbieren können. Mit einem prächtigen Steilhang, dessen Gefälle fast 3 m auf etwa 30 m Länge betragen dürfte, bricht es rings herum gegen die Senke ab, in der die Seen, umgeben von mehr oder minder breiten Verlandungsgürteln und Schwingrasen, liegen. Der Steilhang trug ehemals einen hohen, ausgezeichnet ausgebildeten *Pinus-Ledum*-Wald mit vielen Waldelementen. Leider hat der Brand den größten Teil dieser schönen Bestände zerstört. Nur in der Umgebung des Ost-Sees sind sie auf größere Strecken erhalten geblieben. An den übrigen Stellen haben die höheren Bäume zwar den Brand überstanden, die unteren Äste und der ganze Unterwuchs sind aber zerstört worden, sodaß die auf Taf. 3 Abb. 9 und Abb. 10 erkennbaren hohen Wipfel auf astlosen Stämmen ein betrübendes Charakteristikum der höheren trockeneren Zone des Steilhanges darstellen. Im Zusammenhang mit dem verhältnismäßig steilen Abfall des Hochmoorhanges steht eine andere Erscheinung, die uns hier zum ersten Mal auf einem Hochmoor entgegentrat. Als wir am ersten Tage zunächst den der Torffabrik am nächsten gelegenen West-See aufsuchten, fielen uns an dessen Nordufer in dem abgebrannten Randwald des Steilhanges schmale Gräben auf, die widersinnigerweise dauernd dem Hang parallel liefen. Bei der am nächsten Tage ausgeführten Wanderung am nördlichen Steilhang entlang ostwärts trafen wir sie immer wieder. Doch hielten wir sie, beeinflußt durch den stark veränderten Charakter der Vegetation, für etwas nachlässig angelegte Entwässerungsgräben. Erst als wir nach der Durchwatung der Verbindungsrinne an der Südwestecke des Ost-Sees in unberührtem Randwald standen (vgl. S. 429), fanden wir die richtige Erklärung. Wir hatten typische „Solifluktionsflarkar" vor uns, wie sie aus der skandinavischen Literatur schon länger bekannt, in Mitteleuropa aber wohl noch nicht beobachtet sind. Sie sind hier am ganzen Steilhang rings um die Senke vorhanden. Wir werden später noch darauf zurückkommen (vgl. S. 430).

Zunächst sei ein Profil vom Randwald bis zu den Verlandungsbeständen des West-Sees wiedergegeben, das wir am Nordrande desselben eben östlich des Abflußgrabens aufnahmen. Vom Hochmoor zum See folgen aufeinander:

1) 30 m Steilhang mit durch Brand zerstörtem Randwald und Solifluktionsflarken (bezügl. der Artenliste dieser Zone vgl. das zweite Profil S. 425),

2) 10—15 m flacher Vorhang mit ebenfalls vom Brand zerstörtem „Vorrandwald"[1]), wohl ursprünglich von dem in der folgenden Zone erhaltenen Wald nicht wesentlich verschieden,

3) 10 m stark bultiger „Vorrandwald", vom Brand verschont, in seinem Unterwuchs bestehend aus einem Komplex von großen *Sphagnum medium*-Bulten und dazwischen liegenden tieferen Flächen („Pseudoschlenken") von Zwischenmoor-

---

[1]) Dieser „Vorrandwald", für den mächtige *Sphagnum medium*-Bulte sehr charakteristisch sind, scheint stets auf dem flachen Vorhang vor dem eigentlichen Randwald des Hochmoorgehänges vorhanden zu sein, wenn die Geländebeschaffenheit einen schnellen Übergang von Hochmoor zu meso- oder eutrophen nassen Rüllen-, Lagg- oder Verlandungsbeständen mit sich bringt. Dann bricht stets das Hochmoor mit einem auffallenden Steilhang ab, auf dem der eigentliche Randwald eine besonders gute Ausbildung zeigt (vgl. S. 457).

charakter. Nach dem Hochmoorrand zu schließen die Bulte fast zusammen, nach dem See hin gewinnen die eingesprengten tieferen Zwischenmoorflächen immer mehr an Ausdehnung, bis an der unteren Grenze des Komplexes die *Sphagnum medium*-Bulte ganz verschwinden. In der unteren Zone dieses Komplexes treten verschiedene Zwischenmoorpflanzen der nächsten Zone bereits spärlich auf. Sie sind in der folgenden Liste besonders hervorgehoben worden.

Pinus silvestris (bis 10 m hoch)   2—3 ⎫ beide offenbar früher besser ent-
Betula alba (bis 10 m hoch)   1—2 ⎬ wickelt und durch den Brand oder
⎭ Abholzen zurückgegangen,

Populus tremula   1   (Neuansiedler infolge des Brandes).

Bulte:
Calluna vulgaris   2—3
Ledum palustre   2
Vaccinium uliginosum   2
Vaccinium oxycoccus   4
Salix aurita   1   (nach dem See zu)
Eriophorum vaginatum   2—3
Phragmites communis   1   (nach dem See zu)
Drosera rotundifolia   2

———————

Sphagnum medium   2—3
Polytrichum strictum   2—3
Aulacomnium palustre   1—2
Dicranum scoparium   1—.

Tiefere Zwischenmoorflächen:
Eriophorum vaginatum   1—2
Carex Goodenoughii   1—2
Carex limosa   1
Carex heleonastes   1—
Molinia coerulea   1
Phragmites communis   1   (nach dem See zu)
Malaxis paludosa   1
Drosera rotundifolia   1
Vaccinium oxycoccus   1—2
Peucedanum palustre   1   (nach dem See zu)

———————

Sphagnum amblyphyllum var. macrophyllum   4—5
Calliergon stramineum   1—
Drepanocladus exannulatus   1—2   (reine kleine Bestände, an den tiefsten Stellen mit *Carex limosa*).

4) 10 m Zwischenmoor, durch eingesprengtes Weidengebüsch in der nun seewärts folgenden *Phragmites*-Fläche gekennzeichnet, nach dem Hochmoor zu noch mit spärlichen niedrigen Kiefern:

Pinus silvestris (bis 5 m hoch) 1—2
Betula alba (bis 5 m hoch) 1— } (nur nach dem Hochmoor zu)

Phragmites communis 2—3
Salix aurita 2
Salix pentandra 1
Salix repens 1
Vaccinium uliginosum 1
Ledum palustre 1
Vaccinium oxycoccus 4
Peucedanum palustre 2
Comarum palustre 2
Aspidium thelypteris 1—2
Viola palustris 1
Potentilla silvestris 1
Lycopus europaeus 1
Galium palustre 1
Drosera rotundifolia 1
Lysimachia thyrsiflora 1
Molinia coerulea 1
Rhynchospora alba 1
Carex diandra 2
Carex Goodenoughii 1
Carex limosa 1

Sphagnum teres var. subteres Lindb. 2
Sphagnum contortum 3.

5) 50—80 m Flachmoor, mit wechselnder, aber zonal nicht mehr zu trennender Boden- und Feldschicht. Nur tiefere Stellen (mit * in der Liste) lassen sich von festeren unterscheiden. *Phragmites* herrscht in einem an die vorige Zone grenzenden Streifen vor und schneidet seewärts mit ziemlich scharfer Grenze gegen niedrigeres *Carex diandra*-Flachmoor ab, ohne daß in der Bodenschicht und der übrigen Begleitflora sich wesentliche Unterschiede herausfinden ließen:

a) Phragmites communis 2—3 (nach dem Hochmoor zu)
b) Carex diandra 4 (nach dem See zu)

Menyanthes trifoliata 2—3
* Comarum palustre 2—3
Epilobium palustre 1
Pedicularis palustris 1
Galium palustre 1
Veronica scutellata 1
Ranunculus flammula 1
Ranunculus lingua 1
Cardamine pratensis 1

Stellaria glauca 1
* Drosera anglica 1
* Lysimachia thyrsiflora 1
* Hippuris vulgaris 1
Eriophorum polystachium 1
Eriophorum angustifolium 1
Carex rostrata 1
Carex acutiformis 1
Carex limosa 1—2
Utricularia vulgaris 1 ⎫
Utricularia minor 1 ⎰ (offene Wasserlöcher)

Drepanocladus aduncus fo. gracilescens Br. eur. 3
Bryum ventricosum 2
Marchantia polymorpha 1—2
* Scorpidium scorpioides 2
* Calliergon trifarium 1— (unter vorigem)
* Calliergon giganteum 1
Aneura pinguis fo. angustior 1—.

6) **Typha angustifolia-Bestand** ⎫
7) **Scirpus lacustris-Bestand** ⎰ (beide nicht mehr betretbar).

Die Reihenfolge der drei letzteren Bestände wechselt übrigens. So schiebt sich weiter östlich ein

6a) **Calamagrostis neglecta-Bestand,**
daran anschließend stattdessen ein

6b) **Carex lasiocarpa-Bestand**
anstelle des Typhetums zwischen betretbares Flachmoor und Scirpetum. Noch weiter östlich wird der Verlandungsstreifen schmaler. Das *Carex diandra*-Flachmoor keilt hier aus und der *Phragmites*-Bestand grenzt unmittelbar an das Scirpetum, das den West-See schon fast ganz in Besitz genommen hat.

Den Abflußgraben selbst begleitet auf seinem Verlauf durch Flach- und Zwischenmoor ein schmales Band eines reinen *Aspidium thelypteris*-Bestandes.

Westlich des Abflußgrabens ist der Verlandungsstreifen viel breiter als an der Schnittstelle des Profils. Gleichzeitig ist auch der *Phragmites-Salix*-Zwischenmoor-Streifen stark verbreitert. In dem letzteren dürften an dieser Stelle, die wir nicht mehr näher untersuchen konnten, noch manche floristische Seltenheiten zu finden sein.

Ein zweites Profil, das das vorige in einigen wesentlichen Punkten ergänzt, wurde am Nordrand der Verbindungsrinne nahe dem Ost-See aufgenommen. Hier folgten in der Richtung von der Hochfläche nach der Flachmoor-Rinne zu folgende Bestände aufeinander:

1) **Hochmoorfläche** mit randnahem Regenerationskomplex, ohne deutliche Schlenken, außerdem durch Brand verändert:

Pinus silvestris (bis 4 m hoch) 1—2 (5—10 m Abstand, meist abgestorben)
Betula alba (¹/₂ m hoch) 1

Calluna vulgaris   4—5
Ledum palustre   1
Andromeda polifolia   1—2   (tiefere Stellen 3)
Vaccinium oxycoccus   1
Eriophorum vaginatum   1—2
Rhynchospora alba   1   (tiefere Stellen)
Drosera rotundifolia   1—2

_____

Polytrichum strictum   1—2   Lepidozia setacea   1—
Sphagnum rubellum   3   Cephalozia connivens   1—
Sphagnum medium   1—   Dicranum Bergeri   1—2
Sphagnum balticum   1—   Cladonia pyxidata   1—2.

An lebenden und besonders an abgestorbenen Kiefern noch als Epiphyten: *Parmelia physodes, Parmelia saxatilis, Ramalina fraxinea, Bryopogon jubatum.*

1 a) 10 m Ledum-reiche Randzone der Hochfläche:

Pinus silvestris (bis 5 m hoch)   3   Betula alba (bis 1 m hoch)   2

_____

Calluna vulgaris   2—3   Empetrum nigrum   1—2
Ledum palustre   3   (sonst wie vorige Zone).
Vaccinium uliginosum   1—2

2) 30 m Randwald des Steilhanges mit Solifluktionsflarken, durch Brand offenbar noch beeinflußt:

Pinus silvestris (bis 13 m hoch)   2   (mit Stümpfen 3)
Betula alba (2—3 m hoch)   3
     (neuer Anflug nach dem Brande; *Betula* war aber sicher auch vor dem
     Brande vorhanden)

_____

Calluna vulgaris   1—2
Ledum palustre   1—2
Vaccinium uliginosum   1—2
Rubus chamaemorus   3
Andromeda polifolia   1—
Vaccinium oxycoccus   1
Vaccinium myrtillus   1
Vaccinium vitis idaea   1—2
Epilobium angustifolium   2   (Neuansiedler infolge des Brandes)
Pteris aquilina   1—2
Aspidium spinulosum   1—
Eriophorum vaginatum   1—2

_____

Polytrichum juniperinum   2—3
Dicranum scoparium   1—
Pleurozium Schreberi   1—
Hylocomium splendens   1—

Sphagnum medium   1—2
Sphagnum mucronatum   1—2 } in den Flarken.

Der Deckungsgrad der letzten beiden Moose bezieht sich auf die ganze Fläche. Sie füllen manche Flarke ganz aus, an deren Rand die Zwergsträucher, besonders *Ledum*, dichter standen.

2a) 10 m — hoher Randwald auf dem unteren Teil des Gehänges, vom Brand verschont geblieben:

    Pinus silvestris (bis 20 m hoch)   2
    Betula alba (bis 20 m hoch)   1

    ———

    Ledum palustre   2—3
    Vaccinium uliginosum   2—3

    ———

    Sphagnum mucronatum   2—3 (sonst wie vorige Zone).

3) 10 m — hoher, sehr bultiger Vorrandwald auf dem flacheren Vorhang:

    Pinus silvestris (10—15 m hoch)   2—3
    Betula alba (10—15 m hoch)   2

    ———

    Phragmites communis 1—2 (gegen die Flachmoor-Senke allmählich auftretend)
    Ledum palustre   2
    Calluna vulgaris   1+
    Vaccinium uliginosum   1+
    Empetrum nigrum   1—
    Vaccinium oxycoccus   2—3
    Eriophorum vaginatum (steril)   2
    Drosera rotundifolia   1

    ———

    Sphagnum mucronatum   3—4   Aulacomnium palustre   1
    Sphagnum medium   2 (Bulte bildend)   Webera nutans   1—.
    Polytrichum strictum   2

4) 50 m sehr bultiger, lichterer und niedrigerer Vorrandwald, schon teilweise, besonders gegen den Senkenrand, in einen Komplex aus *Ledum-Sphagnum medium*-Bulten und Zwischenmoor-Lichtungen aufgelöst:

    Pinus silvestris (2—5 m hoch)   2
    Betula alba (1—2 m hoch)   1—

    ———

a. Bulte.

    Ledum palustre   4—5
    Vaccinium uliginosum   2
    Calluna vulgaris   1—2
    Empetrum nigrum   1—2
    Vaccinium oxycoccus   4—5
    Phragmites communis   2—3 (gegen die Senke bis 4)
    Eriophorum vaginatum (steril)   1
    Drosera rotundifolia   1—2

    ———

Sphagnum medium 4—5	Sphagnum fuscum 1—
Sphagnum rubellum 1—2	Polytrichum strictum 2.

b. Zwischenmoor-Lichtungen:

Phragmites communis 1—2	Carex Goodenoughii 2—3
Eriophorum vaginatum 1	Carex rostrata 1—2 (tiefste Stellen)

Sphagnum mucronatum 4—5
Drepanocladus fluitans 2 (tiefste Stellen).

5) Etwa 100 m baumfreies Zwischen- und Flachmoor der Verbindungssenke; das Zwischenmoor besonders gegen den Nordrand ausgebildet, was sich innerhalb des die Senke fast gleichmäßig erfüllenden *Phragmites*-Bestandes (vgl. Taf. 3 Abb. 10) durch *Salices* und *Sphagna* zu erkennen gibt. Doch greifen diese Zwischenmoorteile unregelmäßig gegen die Mitte vor und tauchen auch noch als vereinzelte Flecken mitten im Flachmoor auf (Zwischenmoor-Pflanzen sind in der folgenden Liste mit * bezeichnet). Nahe dem Südrande liegt die tiefere, nur mit Vorsicht betretbare Sickerrinne, gekennzeichnet durch nahezu *Phragmites*-freie *Carex lasiocarpa-*, *Menyanthes-* und *Comarum*-Bestände:

Betula pubescens (1 m hoch) 1—

*	Salix aurita 1		Galium palustre 1
*	Salix repens 1		Lycopus europaeus 1
*	Vaccinium uliginosum 1—		Stellaria graminea 1
*	Vaccinium oxycoccus 1—2		Carex Oederi 1
	Menyanthes trifoliata 1		Carex flava 1
	Equisetum limosum 1	(*)	Carex limosa 1
	Pedicularis palustris 1	(*)	Carex lasiocarpa 1
	Drosera anglica 1	(*)	Carex acutiformis 1
	Ranunculus flammula 1	(*)	Rhynchospora alba 1
	Ranunculus lingua 1	*	Aspidium cristatum 1
(*)	Comarum palustre 1—2		Aspidium thelypteris 1
	Cardamine pratensis 1		Utricularia minor 1

*	Sphagnum contortum 2		Bryum ventricosum 1
*	Aulacomnium palustre 1		Cinclidium stygium 1
*	Cephalozia pleniceps 1—		Meesea triquetra 1
(*)	Aneura pinguis fo. angustior 1—		Campylium stellatum 1
	Scorpidium scorpioides 3—4		Drepanocladus vernicosus 1
	Calliergon trifarium 1—		Calliergon giganteum 1.

Von der Nordostecke des Ost-Sees zieht sich hoher Pinus-Ledum-Wald auf Torf weit auf die ebene Hochmoor-Fläche hinauf. Hier ist wahrscheinlich der Torf nur wenig mächtig, es wurde aber auch hier nirgends am Steilabfall gegen den See Diluvium angetroffen. Auch erreicht dieser Wald den nördlichen Diluvialrand des Moores nicht. Dazwischen liegt noch ein breiter Streifen abgebranntes Moor, das ursprünglich lichter stehende, niedrigere Kiefern trug. Der erstgenannte, sich an den Gehängewald der Senke unmittelbar anschließende hohe Kiefernwald zeigte folgende Zusammensetzung:

Pinus silvestris (25 m gleichhoch) 3
Betula alba (25 m hoch) 1
Betula alba (bis 2 m hoch) 2

———

Ledum palustre 3
Vaccinium uliginosum 1—2
Vaccinium myrtillus 3—4
Calluna vulgaris 1—2
Vaccinium oxycoccus 1—2

Andromeda polifolia 1
Rubus chamaemorus 2
Eriophorum vaginatum (steril) 1—2
Melampyrum pratense 1

———

Polytrichum juniperinum-strictum 3 (Zwischenformen!)
Aulacomnium palustre 1—2
Sphagnum medium 1—2 (Bulte mit *Vaccinium oxycoccus*)
Sphagnum acutifolium 1—2 (Bulte mit *Polytrichum strictum*)
Pseudoscleropodium purum 1.

An der Ostseite des Ost-Sees war der Wald des Steilabfalles ebenfalls vom Brande verschont geblieben, er zeigte hier:

Pinus silvestris (25 m hoch, offenbar z. T. geschlagen) 2—3
Betula alba (¹/₂—10 m hoch, nach dem See zu höher) 2—3

———

Ledum palustre 2—3
Calluna vulgaris 1—2
Vaccinium uliginosum 1—2
Vaccinium myrtillus 2—3
Andromeda polifolia 1
Vaccinium vitis idaea 1
Vaccinium oxycoccus 1 (Bulte 2—3)

Eriophorum vaginatum 1—2
Melampyrum pratense 1
Lycopodium annotinum 1—
Majanthemum bifolium 1—
Trientalis europaea 1—
Aspidium spinulosum 1—
Pteris aquilina 1— (geschlagene Stellen 5)

———

Polytrichum juniperinum 2—
Polytrichum strictum 1 (Bulte)
Dicranum undulatum 1
Pleurozium Schreberi 1

Aulacomnium palustre 1
Sphagnum medium 1
Sphagnum acutifolium 1 (Bulte bildend).

Das ganze Randgehänge ist hier von prächtigen parallelen Solifluktionsrissen durchzogen, die bald breit und wassererfüllt, bald mit üppiger geschlossener *Sphagnum*-Decke überzogen sind:

Rand der Flarke:
Ledum palustre 4—5
Rubus chamaemorus 3—4.

Boden der Flarke:
Eriophorum vaginatum 2
Sphagnum amblyphyllum var. mesophyllum 5

Leptoscyphus anomalus 1
Odontoschisma sphagni 1—.

Besonders schön sind die Solifluktionsflarke an der Südwestecke des Ost-Sees ausgebildet. Hier fällt der Steilhang unmittelbar zu einem *Carex-limosa*-Schwingrasen ab, der sich ungefähr 10 m weit in den See vorschiebt. Dem Schwingrasen sind Heidebulte mit Krüppelkiefern aufgesetzt, die deutliche dem Ufer parallele Stränge bilden (vgl. Textfig. 6), sodaß die

Kiefern wie in Reihen gesetzt erscheinen. Der unmittelbar an den See grenzende Strang ist durch Eisschub in einen höheren, festeren Strandwall umgebildet. Nach dem Hochmoor zu gehen die Stränge in ein unregelmäßigeres Gewirr dichter liegender Heidebulte über. Der *Carex-limosa*-Schwingrasen ist hier von *Phragmites* durchsetzt. Der Steilhang selbst zeigt geradezu ideal ausgebildete Solifluktionsrisse, die bald bis zu 1 m tiefe, wassererfüllte,

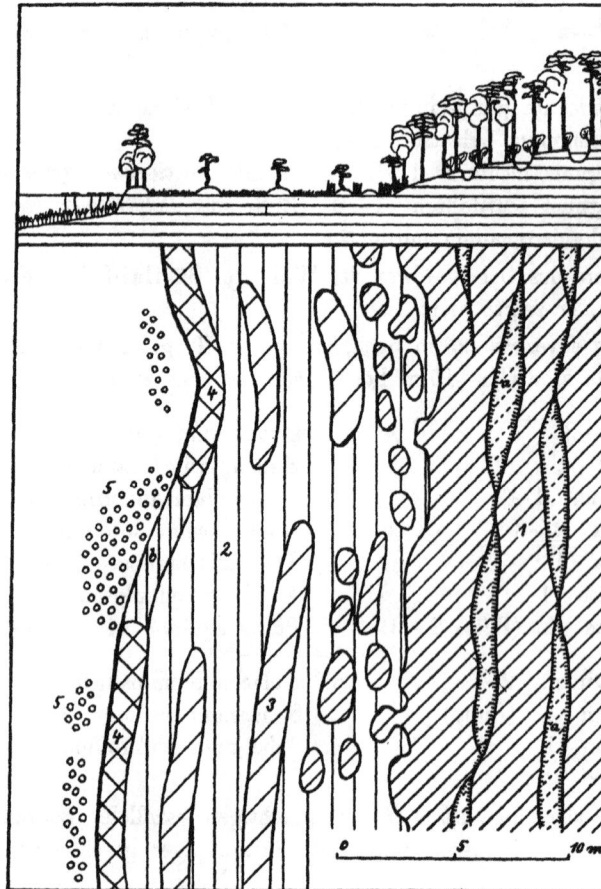

Textfig. 6. Hochmoor Eżeretis. Zonation an der Südwestecke des Ost-Sees. (1. *Pinus - Ledum*-Wald des Hochmoorhanges mit Solifluktionsflarken [1a], 2. *Carex limosa*-Schwingmoor, 2b. Flachmoorschwingrasen in der Lücke des Strandwalles, 3· *Calluna*-Stränge und Bulte, 4. Strandwall, 5. *Nuphar luteum*-Bestände.)

steilwandige, von dichtem *Ledum*-Gebüsch eingefaßte Gräben darstellen, bald mit üppigen *Sphagnum*-Polstern ausgekleidet sind. Sie keilen häufig aus und werden dann meist fortgesetzt durch plötzliche Torfabbrüche, die wie künstliche Terrassen aussehen. 4—7 solcher Risse laufen nicht selten an dem 30 m breiten Hang nebeneinander. Die dem Schwingmoor aufgesetzten Stränge stellen wahrscheinlich herabgerutschte Torfwulste dar. Möglich wäre auch, daß es sich um alte Strandwälle handelt, die beim Vorschreiten des Schwingmoores zurückgeblieben sind. Dann wäre aber noch ein Grund für ihre Ausbildung in rythmischen Zwischenräumen zu suchen. Der äußerste Strang zeigte jedenfalls die uns von den brandenburgischen Eisschubwällen her bekannten Erscheinungen sehr deutlich.

Die Vegetation des Steilhanges ist die übliche. Die der **Stränge und Bulte** in dem Schwingmoor (3 der Textfig. 6) setzte sich zusammen aus:

Pinus silvestris (bis 2 m hoch) 3

Calluna vulgaris 4	Vaccinium oxycoccus 2
Ledum palustre 2	Vaccinium vitis idaea 1
Empetrum nigrum 2	Drosera rotundifolia 1
Vaccinium uliginosum 1	Eriophorum vaginatum 1
Sphagnum fuscum 3—4	Pleurozium Schreberi 2
Sphagnum medium 2—3	Polytrichum strictum 2
Aulacomnium palustre 1	Cladonia silvatica 1.

Der **Strandwall** (4 der Textfig. 6) trägt annähernd die gleiche Vegetation, doch mit folgenden Besonderheiten:

Pinus silvestris (bis 4 m hoch) 2—3
Betula alba (bis 5 m hoch) 1—2

Pirola minor 1—2
Melampyrum pratense 1

Pleurozium Schreberi 3.

In dem **Carex limosa-Schwingmoor** (2 der Textfig. 6) bestand die Vegetation aus:

Carex limosa 2—3	Drosera rotundifolia 1
Scheuchzeria palustris 2—3	Vaccinium oxycoccus 1
Menyanthes trifoliata 1—2	Carex lasiocarpa 1
Comarum palustre 1—	[Phragmites communis 1—3 (am Innenrand)]
Drosera anglica 1—2	

Sphagnum obtusum 5.

In der Mitte der Aufnahmefläche ist der Strandwall unterbrochen. Hier grenzt der Schwingrasen direkt an das Wasser. Diese Stelle wird von einem sehr dünnen, wenig tragfähigen **Flachmoor-Schwingrasen** (2b der Textfig. 6) eingenommen mit nachstehender Vegetation:

Menyanthes trifoliata 3—4	Ranunculus lingua 1—
Comarum palustre 1—2	Calamagrostis lanceolata 1—2 (truppweise)
Eriophorum polystachium 1	Carex diandra 1
Aspidium thelypteris 1—2	

Calliergonella cuspidata 2—3
Bryum ventricosum 1—2
Marchantia polymorpha 1—2.

Vor dem Ufer findet sich ein lockerer **Nuphar luteum-Gürtel** (5 der Textfig. 6), besonders gut vor der Lücke im Strandwall ausgebildet.

Der See selbst ist trotz seiner bedeutenden Größe nur flach. Sein von torfiger Mudde erfüllter Boden wird anscheinend von einem dichten einheitlichen Rasen von Chara foetida eingenommen. Auch nahe der Seemitte betrug die eigentliche Wassertiefe kaum 1 m. Auch hier mußte man beim Baden vom Boot aus noch besonders flach schwimmen, um nicht im Bodenwuchs hängen zu bleiben. Der beschriebene Schwingrasen scheint für das ganze Süd-, Ost-(und Nord-)Ufer charakteristisch zu sein. Am Westufer gegen die Verbindungssenke zum West-See schieben sich jedoch weite Scirpus lacustris-Bestände in den See vor (vgl. Taf. 3 Abb. 9).

Anhangsweise seien noch einige Beobachtungen über die Vegetation der benachbarten Wälder wiedergegeben. Auf den langgestreckten Sandrücken am Nordrande des Moores östlich der Torffabrik fanden wir im lichten Kiefern-Birkenwald: *Pulsatilla patens* (sehr verbreitet), *Veronica spicata*, *Geranium sanguineum*, *Peucedanum oreoselinum*, *Polygonatum officinale*, *Trifolium montanum*, *Gypsophila fastigiata*, *Dianthus arenarius* (die letzteren beiden mehr an sandigen Stellen); feuchtere Täler waren ganz von *Arctostaphylus uva ursi* überzogen; auch einige anmoorige Täler mit *Vaccinium uliginosum* waren von den Höhenzügen eingeschlossen.

Einen unfreiwilligen Aufenthalt auf der Station Kazlu Rudos benützten wir zur Untersuchung der unmittelbar südlich und südöstlich der Siedelung gelegenen Wälder, die hier von einer tiefen Waldmoorrinne durchzogen werden. Wir gelangten zunächst in trockenen Kiefernwald vom Vaccinium vitis idaea-Typ (offenbar auf Dünensand):

Pinus silvestris (20 m hoch) 4

Vaccinium vitis idaea 2—3	Trientalis europaea 1—2
Vaccinium myrtillus 2	Lycopodium clavatum 1—2
Calluna vulgaris 1—2	Pteris aquilina 1—2
Veronica officinalis 1	Thymus angustifolius 1
Hieracium pilosella 1	Gypsophila fastigiata 1—
Convallaria majalis 1	(lichtè, sandige Stelle)
Melampyrum pratense 1—2	Agrostis vulgaris 1

Pleurozium Schreberi 3—4
Hylocomium splendens 2
Dicranum undulatum 2—3 (reich cfr.!)
Dicranum scoparium 1— (nur einmal spärlich am Fuße einer alten Kiefer)
Cladonia rangiferina 1—2

Weiter nach Südosten senkt sich der Boden etwas. Der Wald geht über in anmoorigen Mischwald vom Myrtillus-Typ:

Pinus silvestris (20 m hoch) 3
Betula verrucosa (20 m hoch) 2
Picea excelsa (2—10 m hoch) 2

Rhamnus frangula 1	Vaccinium uliginosum 1
Sorbus aucuparia 1	Ledum palustre 1
Vaccinium myrtillus 4	Melampyrum pratense 1
Vaccinium vitis idaea 1	Luzula pilosa 1

Pleurozium Schreberi 4	Hylocomium splendens 1
Ptilium crista castrensis 2	Polytrichum commune 1.
Dicranum undulatum 1	

Eine Vertiefung in diesem Wald mit stehendem Wasser zwischen Zwergstrauchbulten, die von *Sphagnum*-Polstern umgeben werden, zeigte ohne nennenswerten Wechsel in der Baumschicht:

Ledum palustre 3	Sphagnum acutifolium 3
Calluna vulgaris 1—2	Sphagnum cymbifolium 1
Vaccinium uliginosum 3	Polytrichum juniperinum 2
Andromeda polifolia 1—	Aulacomnium palustre 2
Vaccinium oxycoccus 1	Dicranum montanum 1— (Birkenfuß).

Nach Nordosten zu liegt in der Mitte einer langgestreckten Senke, die von Südwesten her plötzlich einsetzt, ein tiefes bultiges Kiefernmoor mit niedrigeren, lichteren Kiefern:

Pinus silvestris (10 m hoch) 2—3

———————

Ledum palustre 2	Eriophorum vaginatum 1—2
Vaccinium uliginosum 2	Carex Goodenoughii 1
Calluna vulgaris 1—2	Sphagnum mucronatum var. mesophyllum 4—5
Andromeda polifolia 1	Sphagnum medium 1—2 (Bulte)
Vaccinium oxycoccus 2	Polytrichum strictum 1—2 (Bulte)
	Dicranum flagellare 1— (Kiefernfuß).

Dieses Moor zeigt (ausschl. *Vaccinium uliginosum* und *Calluna vulgaris*) große Ähnlichkeit mit der *Ledum*-reichen Variante des nassen Wollgras-Kiefernmoores in Brandenburg (vgl. Hueck, S. 339).

Auf einer nackten Düne mitten im Ort sammelten wir *Astragalus arenarius*.

II. Das Hochmoor Kamanai.

Das Hochmoor Kamanai liegt in Nord-Lithauen in dem Winkel zwischen Windau und Wodoksta, einem rechten kleinen Nebenfluß der Windau, der hier die Grenze gegen Lettland bildet. Es ist am besten von der Station Vieksniu an der Strecke Schaulen-Libau zu erreichen. Das Moor ist nach der Reymannschen Karte etwa 4300 ha groß. In der Mitte des Moores soll nach der Karte ein über 100 ha großer See liegen, den wir vergeblich suchten. Förster Daugerdas in Bugoi Meishi zeigte uns eine Forstkarte größeren Maßstabes, auf der außerdem das Moor eine ganz andere Form besaß als auf der Reymannschen Karte. Das Moor der Forstkarte zeigte eine schmale, von Norden nach Süden stark gestreckte Form. Es entspricht ungefähr der größeren Westhälfte des Moores der Reymannschen Karte. Möglicherweise sind also weite Sumpfwälder, die nach Daugerdas östlich an das offene Hochmoor grenzen, auf der Reymannschen Karte in die Moorsignatur einbezogen worden. Über den See sind wir nicht ganz ins Klare gekommen. Er könnte noch in dem von uns nicht berührten Ostteil des Moores liegen, also in den Sumpfwäldern, die diesen Teil bedecken sollen. Andrerseits sprach Daugerdas nur von einem höchstens 100 m breiten Teich und nach seinen Ortsangaben konnte er damit nur einen der großen Nordteiche meinen, die wir am zweiten Tage beim Verfolgen des von ihm angegebenen Weges auffanden.

Jedenfalls war das Zurechtfinden sehr schwierig. Dementsprechend bleibt auch die topographische Festlegung der von uns untersuchten Moorteile unsicher. Wir haben versucht, unsere Beobachtungen mit denen der Reymannschen Karte und der Forstkarte zusammenzuarbeiten, und als Ergebnis in Textfig. 7 eine Skizze mit den Wegstrecken der beiden

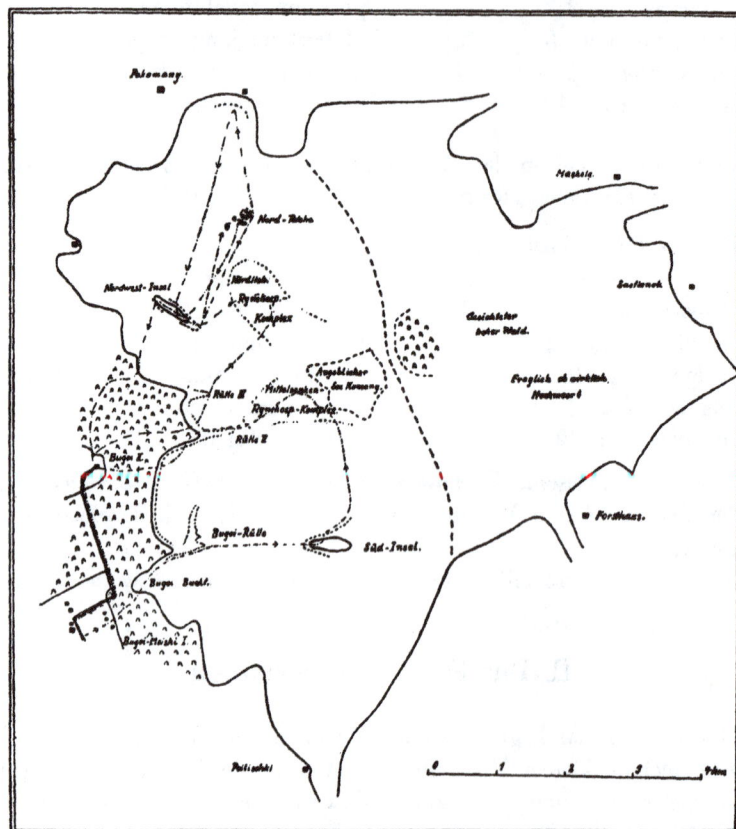

Textfig. 7. Hochmoor Kamanai. 1:100000.

Besuchstage gegeben. Aus demselben Grunde geben wir auch die Beobachtungen in zeitlicher Reihenfolge, unter ausführlicherer Berücksichtigung der topographischen Einzelheiten, um nachfolgenden Besuchern die Wiederauffindung der einzelnen Punkte zu erleichtern.

Von unserem Standquartier Bugoi Meishi (I der Textfig. 7, „Rgt. Meishi" der Reymannschen Karte) gelangten wir am ersten Tage zunächst über Felder, dann durch Fichtenwald an den sehr nassen und etwa 50 m breiten **Erlenbruchrandlagg** des Moores. Nach Durchquerung desselben befanden wir uns in einer ins Diluvium vorspringenden Moorbucht, der „**Bugoi-Bucht**", die innen trockenen Erlenmoorwald mit eingesprengten

Fichten trug und nach Osten mit ansteigendem Boden allmählich in Hochmoor überging, dessen ursprünglich dicht stehende Kiefern aber ebenso wie die Bäume des Erlenmoores geschlagen waren und dessen Heide abgebrannt war. Schon glaubten wir, auf die gleiche Weise enttäuscht zu werden wie auf dem ersten lithauischen Moor, aber plötzlich hörte mit einer scharfen, geradlinig über die Bucht laufenden Grenze (Jagengrenze?) die Brandwirkung auf und von diesem Augenblick an trafen wir dann nur noch prächtige unberührte Vegetationsbestände. Zunächst befanden wir uns noch in stark bultigem, mit dichten Krüppelkiefern bewachsenem Randkomplex. Wir wandten uns der Diluvial-Halbinsel zu, die die Bugoi-Bucht im Norden begrenzt. Ein deutlicher breiter und sehr nasser Erlenbruchlagg begleitete sie an ihrem Südrand. Dort wo die weit ins Moor vorspringende Halbinsel

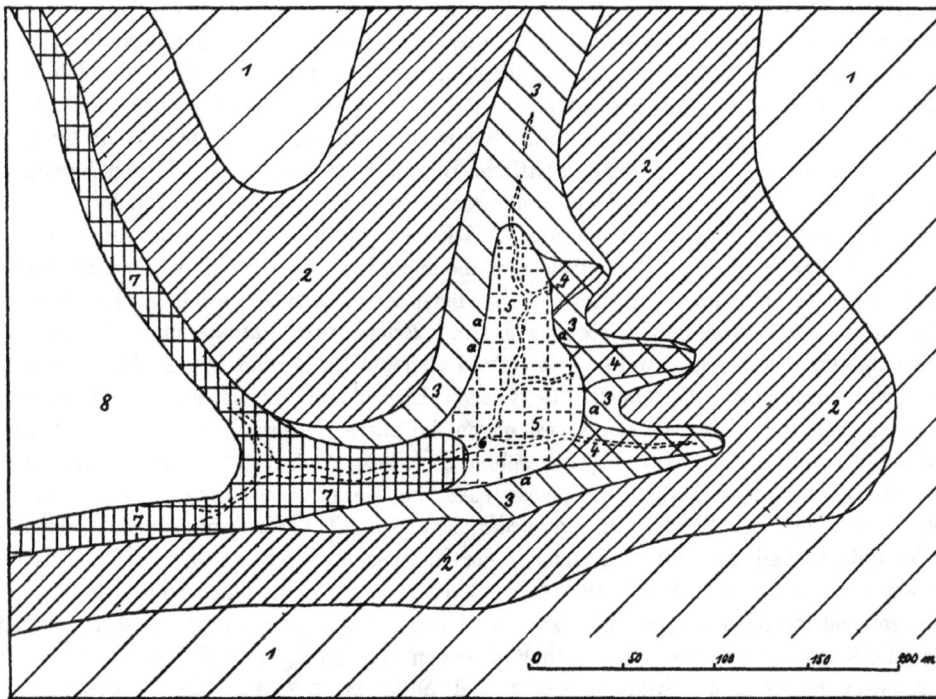

Textfig. 8. Hochmoor Kamanai. Schematische Darstellung der Verteilung der Pflanzengesellschaften in der „Bugoi-Rülle".

schließlich unter das Moor untertaucht, setzt sich der Lagg, vereinigt mit dem von Nordwesten kommenden Lagg, zunächst unverändert als Rülle ein Stück ostwärts ins Moor fort, verbreitert sich dann stark und biegt rechtwinklig nach Norden um. An der Umbiegungsstelle münden drei kurze Seitenrüllen von Osten her in die Hauptrülle ein. Die letztere setzt sich als schmalere Senke noch weit nordwärts fort, wobei sie etwas nach Nordosten abbiegt, konnte aber nicht bis zu ihrem Ende verfolgt werden.

Die Vegetationsverhältnisse dieser „Bugoi-Rülle", wie wir sie genannt haben, übrigens der schönsten Rülle, die wir auf der ganzen Reise sahen, sind ziemlich stark

436

schematisiert auf Textfig. 8 wiedergegeben. Zu genauen Aufnahmen fehlte uns die Zeit. In der Skizze ist 1 der normale, an **Krüppelkiefern** arme und an Schlenken reiche Regenerationskomplex der Hochfläche. Die deutliche, wenn auch flache Senke der Rülle wird rings von einem mehr oder minder breiten Streifen eines zwar niedrigen, aber doch ziemlich dichten *Pinus-Ledum*-Randwaldes mit viel *Rubus chamaemorus* (2) umgeben. Der obere Teil der Rülle besteht ganz aus einer fast baumfreien, reinen *Eriophorum vaginatum-Sphagnum medium*-Assoziation (3) (vgl. auch Taf. 6 Abb. 21)[1]. Im unteren Teil der Rülle schiebt sich diese Assoziation als Übergangsstreifen zwischen den Randwald und die tieferen Zwischenmoorbestände der Rülle. An ihrem inneren Rande, gegen das Zwischenmoor der Rülle, liegen in charakteristischer Weise die Standorte von *Carex pauciflora* (3a). Im oberen Teil der Rülle ist in der *Eriophorum vaginatum-Sphagnum medium*-Assoziation der Bachlauf erst schwach angedeutet durch eine häufig unterbrochene Reihe langgestreckter schmaler und gewundener *Carex limosa-Scheuchzeria*-Schlenken, in welche tiefere *Menyanthes*-Schlenken eingesenkt sind. Die Seitenrüllen beginnen mitten in hohem Randwald mit plötzlich einsetzenden *Phragmites*-Beständen (Taf. 5 Abb. 20). Diese ziehen sich (4) bis zu dem Zwischenmoor der Hauptrülle hin. Sie werden von höheren, nicht mehr krüppelig ausgebildeten Kiefern überragt, denen stattliche Birken beigemengt sind. Soweit Bachrinnen schon in den Seitenrüllen ausgebildet sind, werden sie von *Menyanthes*-Bändern, seltener von *Carex rostrata*-Beständen eingenommen. Die Hauptrülle und die Seitenrüllen münden schließlich in eine breite, fast baumfreie Zwischenmoorfläche (5), deren überaus interessante Vegetation aus einem bunten Gemisch verschiedener Assoziationen besteht. Verbreitet sind hier *Carex chordorrhiza*-Bestände, stellenweise mit *Eriophorum alpinum* und *Malaxis paludosa*. Aufgesetzte hohe und breite *Polytrichum strictum*-Bulte sind in der Regel ganz von *Carex dioica* durchsetzt. *Phragmites* sticht auch hier überall, wenn auch spärlich, durch (vgl. Taf. 6 Abb. 22). Die Bachrinne wird gegen die obere Hauptrülle hin aus *Rhynchospora alba*-Beständen mit viel *Drosera anglica* gebildet. Weiter nach unten zu werden diese durch tiefere *Carex lasiocarpa*-Bestände abgelöst oder die stark verzweigten Rinnen enthalten offenes Wasser mit viel *Utricularia intermedia*, seltener mit *Utricularia minor*. Schließlich folgt im unteren Teil der Rülle ein hoher in der Hauptsache aus Birken gebildeter Zwischenmoorwald mit *Comarum*, *Peucedanum palustre* usw., der sich an der Diluvialhalbinsel in die beiden beiderseitigen Lagge fortsetzt (7). Dieser Wald setzt bei 6 zunächst mit niedrigen Weidengebüschen ein. Sie enthalten neben der häufigen *Salix aurita* auch zwei seltene nordische Weiden: *Salix lapponum* und *Salix myrtylloides*. Die Diluvialhalbinsel selbst trägt prächtigen Hochwald aus Fichte, Birke und Kiefer mit *Plathanthera bifolia*, *Orchis helodes*, *Melampyrum nemorosum*, *Pirola rotundifolia*, *Ramischia* (8).

Von der Bugoi-Rülle aus wandten wir uns zunächst nach Osten und gelangten durch den Randwald allmählich auf die Hochfläche, von wo wir aus den Wipfeln von höheren Krüppelkiefern nach dem angeblichen See Kamanai Ausschau hielten. Eine am östlichen Horizont auftauchende Birkenwaldsenke lockte uns in mehr südöstliche Richtung (die Wegangabe der Textfig. 7 ist in dieser Hinsicht etwas ungenau). Nach einer halben Stunde von der Bugoi-Rülle aus gerechnet hatten wir diese Senke erreicht und standen nach Durchquerung eines sehr nassen Birkenwaldlaggs plötzlich auf festem Diluvium. Der ursprünglich hier

---

[1] Auch nach Osvald für flach eingesenkte Droge (= Rüllen) des Komosse sehr charakteristisch.

vorhandene Wald war abgeholzt und hatte einer triftartigen Formation mit vereinzelten Birken und mit *Galium boreale, Gymnadenia conopea, Trifolium montanum, Melampyrum nemorosum, Epipactis palustris, Primula farinosa, Trifolium medium, Centaurea jacea, Cirsium palustre, Carex flava, Inula britannica* Platz gemacht. Der Boden war ziemlich feucht und erhob sich nur wenig über den benachbarten Lagg. Wir hatten wahrscheinlich die Südinsel der Reymannschen Karte (am Nordrand von Blatt Telsche gelegen) erreicht, konnten uns aber aus Zeitmangel nicht durch eine Umwanderung von der sicheren Identität überzeugen. Es drängte uns nach Norden, wo der angebliche See liegen mußte. Das Diluvium tauchte nach dieser Richtung schnell unter. Wir gerieten in einen schwer überschreitbaren, sehr nassen *Betula-Salix*-Wald mit *Phragmites*, aus dem wir schleunigst an den Hochmoorrand zurückkehrten. Wir folgten dem von *Phragmites* umsäumten, deutlich abfallenden Hochmoorrand auf einer Wegspur ein Stück nach Nordosten. Als dieser aber immer weiter nach Osten umbog, kehrten wir nordwärts, später nordwestwärts auf die Hochfläche zurück. Beim Anstieg zur Hochfläche konnten wir von den Kiefern aus ostwärts nur weite Sumpfniederwälder feststellen, die erst in großer Entfernung in den diluvialen Hochwald überzugehen schienen. Hochmoor war nicht zu sehen. Nach Norden zu senkte sich die Hochfläche wieder und ungefähr eine halbe Stunde nach dem Aufbruch von der Südinsel befanden wir uns in einer breiten und flachen, aber deutlich von West nach Ost laufenden Senke, die einen südlichen schwach gewölbten Hochmoorkomplex von einem ebensolchen nördlichen trennte. Hier ist auch offenbar die schmalste Stelle des gesamten Hochmoores; denn westlich derselben liegt die am weitesten ins Moor vorspringende Diluvialhalbinsel des Westrandes (bei Rülle II gelegen). Sie trägt Hochwald mit einigen auffälligen, den geschlossenen Wald überragenden Fichten, die von beiden Hochmoorteilen dauernd sichtbar sind und einen der besten Orientierungspunkte darstellen. Auch im Osten war in nicht allzu großer Entfernung ein geschlossener Hochwaldbestand sichtbar, der auf Diluvium hindeutete, den wir aber mit bestem Willen nicht mit der Reymannschen Karte in Einklang bringen konnten. Von dem See Kamanai, der nach der Karte etwa in die Gegend dieses östlichen Waldes fallen müßte, war keine Spur zu sehen.

Die Mittelsenke selbst wird eingenommen von einem ausgedehnten, sehr nassen *Rhynchospora*-Komplex, in dem die Heidebulte eine sehr bescheidene Rolle spielen (vgl. Taf. 3 Abb. 12 und Taf. 4 Abb. 13). Ausgedehnte *Rhynchospora*-Schwingrasen, auf denen man dauernd Gefahr läuft durchzubrechen, nehmen den größten Teil der Fläche ein. Sie werden durch zahlreiche offene, halb oder ganz verlandete Schlenken unterbrochen, die teilweise so groß sind, daß man an einigen Stellen schon von einem Teichkomplex sprechen kann. Die Verteilung der Assoziationen gibt Textfig. 9 wieder. Die Vegetation setzte sich folgendermaßen zusammen:

1) Calluna-Bulte.

Pinus silvestris ($^1/_2$—1 m hoch)   1

Calluna vulgaris   2—3
Empetrum nigrum   2—3
Ledum palustre   1—2

Textfig. 9. Hochmoor Kamanai.
Rhynchospora-Komplex der Mittelsenke. (1. *Calluna*-Bulte, 2. *Rhynchospora*-Assoziation, 3. *Scheuchzeria*-Assoziation, 4. [*Nuphar luteum*-] *Sphagnum cuspidatum*-Assoziation, 5. Offenes Wasser, 6. Nackter Torf mit *Zygogonium*. — Die Schlenken sind durch eine stärkere Linie umrahmt).

Chamaedaphne calyculata 1—2 (besonders am Rand gegen die nassen Assoziationen; auf flachen Bulten nahe am Wasser dichter 3—4)
Rubus chamaemorus 2—3
Eriophorum vaginatum 1—2

Dicranum Bergeri (cfr.!) 1—2
Dicranum undulatum 1—
Pleurozium Schreberi 1—
Sphagnum fuscum 2—3
Sphagnum rubellum 2—3
Sphagnum balticum 1
Sphagnum molluscum 1—
Lepidozia setacea fo. flagellacea Warnst. 1+ (zwischen *Sphagnum*)
Cephalozia macrostachya 1—
Cephalozia connivens 1—
Leptoscyphus anomalus 1—
Cladonia rangiferina 1
Cladonia silvatica 1
Cetraria islandica 1— (am Rande gegen die *Rhynchospora*-Assoziation).

2) Rhynchospora-Schwingrasen.

    Rhynchospora alba 3—4 (aber nur klein)
    Drosera anglica 2—3
    Andromeda polifolia 1—2
    Calluna vulgaris 1
    Vaccinium oxycoccus 2
    Chamaedaphne calyculata 1
    Eriophorum vaginatum 1—2 (einzelne Bulte)
    Scheuchzeria palustris 1—

    Sphagnum medium 4
    Sphagnum rubellum 1+
    Sphagnum balticum 2
    Sphagnum molluscum 1—
    Cephalozia fluitans 1+ (überall reichlich zwischen allen *Sphagna*)
    Calypogeia sphagnicola 1—
    Lepidozia setacea fo. flagellacea Warnst. 1—
    Leptoscyphus anomalus 1—
    Cephalozia macrostachya 1—.

3) Scheuchzeria-Schlenke.

    Scheuchzeria palustris 4
    Carex limosa 2
    Drosera anglica 1—2
    Vaccinium oxycoccus 1—2
    Andromeda polifolia 1—2
    Chamaedaphne calyculata 1—
    Rhynchospora alba 1

    Sphagnum mucronatum 5.

4) Nuphar luteum-Sphagnum cuspidatum-Assoziation.

    Nuphar luteum 1

    Sphagnum cuspidatum var. plumosum 4 (flutend)
    Cephalozia fluitans 1—2
    Drepanocladus fluitans 1—2
    Batrachospermum vagum 1—

5) Offenes Wasser.

6) Nackter Torf mit
    Zygogonium ericetorum.

Die Senke macht ganz den Eindruck, als sei sie durch Überwachsung zweier verschmelzender Randlagge entstanden.

Die Mittelsenke wurde weiter nach Westen verfolgt, wo sie allmählich in die Rülle II (vgl. Textfig. 7) übergeht. Die Rülle setzt mit einem *Rhynchospora-Scheuchzeria*-Schlenkenkomplex ein, in dem die Schlenken deutlich senkrecht zur Gefällsrichtung stehen. Schließlich stellt sich in den Schlenken *Menyanthes* ein. Die Stränge werden immer häufiger durch einen Bachlauf durchbrochen. Mit dem Einsetzen von *Phragmites* nimmt die Rülle Zwischenmoorcharakter an. Auch hier findet sich *Chamaedaphne* noch vereinzelt im *Phragmites*-Bestand. Am Rande der Rülle ist wiederum *Carex pauciflora* charakteristisch. Den Randwald im Norden der Rülle und diese selbst gibt Taf. 5 Abb. 18 wieder.

Über den sehr nassen Lagg wurde die untersinkende Diluvialhalbinsel erreicht. Sie zeigt prächtige Bilder der allmählichen Versumpfung und trägt z. B. auf ihren Lichtungen ausgedehnte *Scirpus compressus*-Bestände. Eine offene Viehhütte unweit der Ostspitze sei als Orientierungsmerkmal erwähnt. Da uns die Halbinsel selbst zu naß war, kehrten wir über den breiten Südlagg der Halbinsel auf das Hochmoor zurück, gingen im trockenen Randwald des Hochmoorhanges südwestwärts bis zum innersten Punkt der südlich anschließenden Hochmoorbucht, querten wiederum den sehr tiefen Randlagg und gelangten westwärts auf Heuwegen durch Bruchwälder zu einem einsamen Gehöft (Bugoi II), von wo wir den Rückweg zu unserem Standquartier erfragten.

Der zweite Tag wurde für die Erkundung des nördlichen Hochmoorteiles bestimmt. Der Weg zum Moor ging wieder zum Gehöft „Bugoi II", dann aber auf dem „Grenzweg" (Grenze zweier Forsten) durch prächtige „Laubwiesenwälder" (vgl. S. 443) zur Spitze der Halbinsel bei Rülle II. Bei der erwähnten Hütte wandten wir uns diesmal nordwärts, durchwateten den tiefen Randlagg und hielten uns im Randwald des Moorgehänges zunächst nordnordostwärts. Dabei gelangten wir an das Ende einer weiteren „Rülle III", die mitten im dichten Randwald mit *Phragmites*-Beständen einsetzt. Aus dem Randwald (vgl. Taf. 5 Abb. 19) kamen wir auf die Hochfläche, die zunächst von einem normalen Regenerationskomplex mit typischem Wechsel von ungefähr gleich großen Schlenken und Bulten eingenommen wird (vgl. Taf. 3 Abb. 11). Weiter nordöstlich wird dieser Komplex jedoch allmählich von einem nassen *Rhynchospora*-Komplex abgelöst. Die Heidebulte treten immer mehr zurück. *Rhynchospora*-Schwingrasen gewinnen mehr an Ausdehnung. Die Schlenken werden häufiger und größer und es treten immer mehr wassererfüllte Teiche auf (vgl. Taf. 4 Abb. 14). *Chamaedaphne* ist auch hier reichlich vorhanden. Dieser „nördliche Rhynchospora-Komplex" ist in seinem Aussehen dem Mittelsenkenkomplex des vorigen Tages ähnlich. Er nähert sich aber noch mehr einem Teichkomplex. Im Gegensatz zu dem Mittelsenkenkomplex liegt er offenbar gerade auf dem höchsten Teil der nördlichen Hochmoorfläche.

Schon längere Zeit war uns bei dem Vordringen in nordöstlicher Richtung eine größere, weit ins Hochmoor vorgeschobene Gruppe dichterer und höherer Kiefern am Westhorizont aufgefallen, hinter der wir eine vierte Rülle vermuteten. Wir wandten uns schließlich dieser Stelle zu und trafen auch hier eine kurze Rülle, die mit *Phragmites* im Randwald einsetzte, aber schnell in sehr nasse mesotrophe Assoziationen überging. Sie verbreiterte sich nordwestwärts bald und gabelte sich schließlich in den beiderseitigen Randlagg eines flachen, in westnordwestlicher Richtung streichenden Diluvialrückens. Wie wir später mit Sicherheit feststellten, hatten wir die große Nordwestinsel der Reymannschen Karte erreicht, die aber offenbar dem Westrand näher liegt und auch eine andere Richtung aufweist, als diese Karte zeigt. Während Hueck die Vegetation der Rülle aufnahm, unternahm Reimers allein, immer noch in der Hoffnung, den großen See der Reymannschen Karte zu finden, einen 1½stündigen Vorstoß zum nördlichen Hochmoorrand. Dabei wurden die drei großen Nordteiche entdeckt. Am Nordrand des Moores folgte hinter einem breiten, auf dem deutlich geneigten Hochmoorhang gelegenen Gehängewaldstreifen ein breiter offenbar abgeholzter Flachmoorlagg und dahinter die Kornfelder einer wahrscheinlich zu Pokamany gehörigen Siedelung. Beim Rückweg wurde die Nordwestinsel fast 1 km zu weit nach Nordwesten erreicht, dabei jedoch an dieser Stelle im nördlichen Randlagg der Insel ein allerdings nur kleiner Bestand von *Pedicularis sceptrum Carolinum* gefunden. Der Rückweg zum Treffpunkt am Ostende der Rülle wurde über die Insel selbst genommen, deren Wald wie auf der Südinsel abgeholzt war. Sie wurde von ziemlich nassen, aber ungemähten, triftartigen Beständen eingenommen. Die Vegetation war ungefähr die gleiche wie auf der Südinsel. Außer den von dort angeführten Pflanzen war hier *Campanula cervicaria* in prächtigen Beständen vorhanden.

Die Vegetation der Rülle nahe an der Gabelungsstelle an der Ostspitze der Insel war nach Hueck folgende:

Betula pubescens 2	Equisetum palustre 1
	Equisetum limosum 1
Salix aurita 2	Trientalis europaea 1
Salix pentandra 2	Viola palustris 1
Rhamnus frangula 2	Carex Goodenoughii 1
Populus tremula 1	Carex lasiocarpa 1
Phragmites communis 1	Carex panicea 1
Peucedanum palustre 1	
Lysimachia vulgaris 1	Sphagnum amblyphyllum 4
Vaccinium vitis idaea 1	Sphagnum medium 1
Vaccinium oxycoccus 2	Aulacomnium palustre 2
Melampyrum pratense 2	Polytrichum commune 2
Comarum palustre 1	Polytrichum strictum 1
Menyanthes trifoliata 1	Pleurozium Schreberi 1.

Zusammen suchten wir dann nochmals die drei Nordteiche auf. Dabei fanden wir etwa 250 m südwestlich von der Gruppe der drei Teiche noch einen vierten großen Teich mit mehreren Inseln, der in seinen stilleren Buchten die übliche Anordnung der Verlandungszonen (*Andromeda*-Assoziation, *Rhynchospora*-Assoziation, *Carex limosa-Scheuchzeria*-Assoziation) zeigte. Die *Carex limosa-Scheuchzeria*-Assoziation wies dabei folgende Zusammensetzung auf:

Carex limosa 4
Drosera anglica 2
Scheuchzeria palustris 1

Sphagnum balticum 5.

In der Nähe dieses Teiches fand Hueck zum ersten Mal auf unserer Reise *Icmadophila aeruginosa*, eine Flechte, die vielleicht ebenfalls bei der Abtötung der *Sphagnum*-Polster auf den Bulten eine Rolle spielt. Die Vegetation des betreffenden Bultes war folgende:

Calluna vulgaris 90[1])	Rubus chamaemorus 6
Eriophorum vaginatum 40	Andromeda polifolia 3

---

[1]) Die Zahlen beziehen sich hier auf die 1/100 qm-Quadrate eines 1 qm-Quadrats, in denen die betreffenden Pflanzen vorkamen. Die Untersuchung, die die feinere Verteilung der Komponenten, den Kampf der Sphagna mit den Flechten, zeigen sollte, mußte leider vorzeitig abgebrochen werden.

Drosera rotundifolia 10	Cephalozia connivens +
Vaccinium oxycoccus 20	Cephalozia conf. Loitlesbergeri +
Sphagnum fuscum 80	Icmadophila aeruginosa 21
Sphagnum rubellum 10	Cladonia silvatica 18
Leptoscyphus anomalus 40	Cladonia pyxidata 3
Lepidozia setacea +	Cladonia rangiferina 2.

Von den drei großen Nordteichen ist der südliche mit 200 m Länge der größte von uns in Lithauen beobachtete Hochmoorkolk (vgl. Taf. 4 Abb. 16).

Von hier kehrten wir zur Nordwestinsel zurück und gingen auf derselben nach Westnordwest, bis sie wieder unter das Moor untertauchte. Eine Rülle, die die Insel mit dem Westrand verbindet, wie nach Osvalds Beobachtungen auf dem Komosse zu erwarten war, bemerkten wir nicht. Über Hochmoor, das größtenteils mit lichtem Gehängewald bestanden war, erreichten wir in kurzer Zeit südwärts den Westrand des Moores und kamen wie durch Zufall nach längerer Wanderung durch teilweise recht nasse Diluvialwälder wieder bei dem Gehöft Bugoi II heraus.

Anhangsweise seien auch hier einige Beobachtungen von den Hinmärschen zum Moor wiedergegeben. Nordöstlich von Bugoi Meishi I wurden auf erratischen Blöcken, die von den Feldern stammten und am Wegrande lagen, gesammelt:

Grimmia trichophylla subsp. Mühlenbeckii cfr.[1])
Rhacomitrium heterostichum
Hedwigia albicans
Brachythecium populeum.

Der lange geradlinige Teil des Weges zwischen Bugoi I und II führt durch ziemlich nasse Sumpfwälder, die Zu- oder Abflüsse des Moores darstellen. In einem Birkenmischwald östlich dieses Weges machten wir folgende Aufnahme:

Betula alba (25 m hoch) 3	Galium boreale 1
Picea excelsa (20 m hoch) 2	Lactuca muralis 1
	Trifolium repens 1
Melampyrum pratense 1	Fragaria vesca 1
Melampyrum nemorosum 2	Cirsium palustre 1
Pirola rotundifolia 1	Aira caespitosa 1
Ramischia secunda 1	
Asarum europaeum 1	Climacium dendroides 2
Paris quadrifolia 1	Pleurozium Schreberi 1
Filipendula ulmaria 1	Hylocomium splendens 1
Potentilla silvestris 1	Rhytidiadelphus triquetrus 1
Ranunculus repens 1	Eurhynchium striatum 1
Ranunculus acer 1	Campylium chrysophyllum 1 (in großen herab-
Lampsana communis 1	fließenden Rasen am Grunde von Stubben
Geum urbanum 1	gegen die Sumpffläche)
Vaccinium myrtillus 1	Dicranum undulatum 1
Vaccinium vitis idaea 1	Dicranum scoparium 1

---

[1]) teste L. Loeske.

Aulacomnium androgynum 1 (an Stubben)   Ptilidium ciliare 1
Tetraphis pellucida 1 (an Stubben)   Lophozia Mülleri 1 (auf faulen-
Fissidens adianthoides 1   dem Holz).

Prächtige Wälder durchschritten wir, als wir am zweiten Tage auf dem „Grenzweg" dem Hochmoor zustrebten. In Lithauen ist die Grenze zwischen Wald, Wiese und Weide viel weniger scharf als in Deutschland. Das Vieh wird vielfach in die Wälder, besonders die Bruchwälder, getrieben, die immer wieder teilweise abgeholzt, ohne regelrechte Forstwirtschaft sich nie zu Hochwäldern entwickeln. Da sie größtenteils nach der Holzentnahme sich selbst überlassen werden, spielen Birken überall eine große Rolle. Der bunte Wechsel lichter Stellen und Baumgruppen jeden Alters führt beim Bodenwuchs zu einem unentwirrbaren Durcheinander von Wald-, Wiesen-, Sumpf- und Moorpflanzen. Der Assoziations-Botaniker steht diesen Wäldern machtlos gegenüber. An dem Grenzweg waren die teilweise recht sumpfigen Mischwälder von zahlreichen wiesenartigen Lichtungen durchsetzt, die wegen der großen Entfernung von den Siedelungen wohl kaum beweidet, vielmehr unregelmäßig gemäht werden. Als uns an einer Stelle neben *Gymnadenia conopea* und *Primula farinosa*, die wir schon öfter an solchen Stellen beobachtet hatten, auch noch *Cypripedilum* und *Ranunculus cassubicus* entgegentraten, nahmen wir uns die Zeit zu einer Aufnahme:

a) Wiesenartige Lichtungen:

Trollius europaeus   Ranunculus flammula
Centaurea jacea   Ranunculus cassubicus
Chrysanthemum leucanthemum   Alchemilla vulgaris
Galium boreale   Orchis maculata
Filipendula hexapetala   Gymnadenia conopea
Melampyrum nemorosum   Ophioglossum vulgatum
Inula britannica   Cirsium oleraceum
Campanula glomerata   Primula farinosa
Campanula trachelium   Geum rivale
Hypericum tetrapterum   Carex Oederi
Potentilla silvestris   Carex pulicaris
Brunella vulgaris   Carex glauca
Trifolium montanum   Carex pallescens.

b) Trockener Fichtenwald.

Picea excelsa (30 m hoch) 4   Juniperus communis 1
Betula verrucosa 1   Salix aurita 1—2
Populus tremula 1   Daphne mezereum 1
Alnus glutinosa 1
Fraxinus excelsior 1—   Melampyrum pratense 2—3
Acer platanoides 1—   Pirola rotundifolia 2
Sorbus aucuparia 1   Pirola uniflora 1
Corylus avellana 1   Ramischia secunda 2
Viburnum opulus 1   Cypripedilum calceolus 1—2
Frangula alnus 1   Gymnadenia conopea 1

444

Filipendula ulmaria 1
Paris quadrifolia 1
Viola silvatica 1
Fragaria vesca 1
Ranunculus repens 1
Ranunculus acer 1
Ranunculus cassubicus 1
Ranunculus auricomus 1
Potentilla silvestris 1
Brunella vulgaris 1
Listera ovata 1
Orchis maculata 1
Hepatica triloba 1
Asarum europaeum 1

Taraxacum officinale 1
Rubus saxatilis 1—2
Lysimachia vulgaris 1
Majanthemum bifolium 1
Anemone ranunculoides 1
Galium rotundifolium 1
Cardamine pratensis 1
Orobus vernus 1
Lactuca muralis 1
Coronaria flos cuculi 1
Athyrium filix femina 1
Melica nutans 1
Carex panicea 1

etwas schattiger:

Oxalis acetosella 1—2
Lycopodium annotinum 1—2
Viola mirabilis 1

————————

Hylocomium triquetrum 2—3
Hylocomium splendens 2—3
Pleurozium Schreberi 2
Eurhynchium striatum 1
Thuidium delicatulum 1—2
Thuidium recognitum 1 (cfr.)
Dicranum scoparium 2

Dicranum montanum 1 (Birkenfuß)
Hypnum cupressiforme 1
    (Birkenstamm, Stubben)
Pylaisia polyantha 1 (Birkenstamm)
Brachythecium velutinum 1
Plagiothecium silvaticum 1
Mnium cuspidatum 1
Mnium affine 1—2 ⎫ (feuchte
Climacium dendroides 1—2 ⎬ Zwischen-
             fläche).

III. Das Hochmoor Tiruliai bei Sideriu.

Während die beiden vorigen Moore auf Hochflächen liegen und ringsum entwässern, also jedenfalls Versumpfungsmoore darstellen, erfüllt das Moor Tiruliai[1]) bei Sideriu an der Bahnstrecke Radviliskio—Tauroggen fast ganz eine große breite langgestreckte Senke, die auf beiden Seiten von langen nordnordöstlich streichenden, niedrigen Höhenzügen eingefaßt wird. Vermutlich handelt es sich hier um eine breite fluvioglaciale Rinne im Vorlande irgend eines Endmoränenstadiums. Nur ein Teil des Moores der Karte ist Hochmoor. Der Südteil etwa von der Höhe von Sideriu an wird von einem ausgedehnten Flachmoor eingenommen und breite Flachmoorgürtel ziehen sich auf beiden Seiten des Hochmoores nordnordostwärts (vgl. Textfig. 10). Wie weit das Hochmoor nach Norden reicht und ob auch hier noch ausgedehnte Flachmoore liegen, konnten wir nicht feststellen.

————————

[1]) Der Name Tiruliai bedeutet öde, wüste Gegend; er kehrt deshalb als Moorbezeichnung häufig wieder.

Am Westrand geht der breite Flachmoorstreifen jedenfalls sehr weit nach Norden, am Ostrand wird er durch die große bei Palekie gelegene Insel, an die sich das Hochmoor anlehnt, stark eingeengt. Eine sehr tiefe, aus Schwingmoor bestehende Flachmoorrinne trennt diese Insel[1]) vom Festland. Langsam erhebt sich aus dem Flachmoorgürtel das zentrale Hochmoor, das zwar eine deutliche Wölbung aufweist, aber doch so flach ist, daß es von Sideriu nur an dem Krüppelkiefernkranz seiner Randzone erkennbar ist. Ganz all-

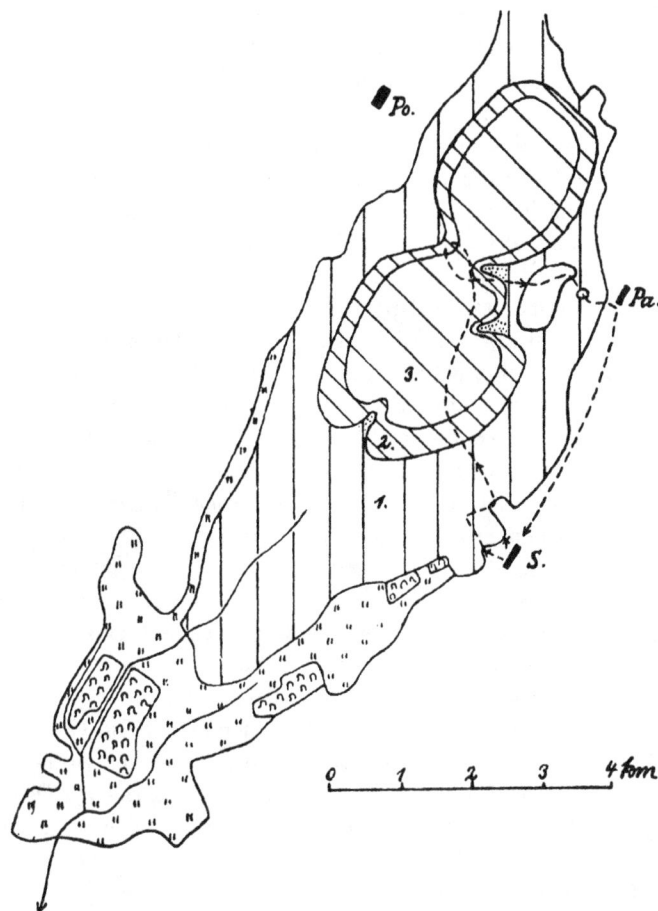

Textfig. 10. Hochmoor Tiruliai bei Sideriu. 1 : 100 000. (1. Flachmoor, 2. Randwald, 3. baumfreie Hochfläche des Hochmoores. Rüllen punktiert. — S = Sideriu, Pa = Palekie, Po = Pokopie).

mählich verschwindet bei der Annäherung an das Hochmoor eine Flachmoorpflanze nach der andern und macht ebenso langsam den verschiedenen Zwischen- und Hochmoorpflanzen Platz, die je nach ihrem „Säurebedürfnis" in großen Abständen eine nach der andern auftauchen. Wir haben bisher keinen Moorkomplex gesehen, auf dem der Übergang vom Flach- zum Hochmoor derartig in die Breite gezogen ist. Für Messungen der pH-Amplitude der einzelnen Zwischen- und Hochmoorpflanzen wäre hier ein geradezu ideales Gebiet.

---

[1]) Auf der Reymannschen Karte als Halbinsel gezeichnet.

So ausgedehnte Flachmoorgürtel können natürlich nicht dem Sekundärlagg eines transgredierenden Hochmoorkomplexes gleichgesetzt werden. Das große südliche Flachmoor und die breiten Flachmoorgürtel der beiden Seitenränder sind vielmehr wahrscheinlich anfangs durch Verlandung eines großen die Senke erfüllenden Wasserbeckens entstanden. Das Hochmoor hat sich dem Verlandungsflachmoor, nachdem die Verlandung abgeschlossen war, in den oberen Teilen aufgesetzt. Die Entwässerung erfolgt südwärts zur Šimša und damit zur Dubissa, einem rechten Nebenfluß des Njemen. Das südliche Hochmoor liegt nach der Karte 120 m hoch, die die Senke einrahmenden Höhenrücken erheben sich bis zu 140 m Höhe. Durch den Aufstau des Hochmoorteiles dürften die nördlichen Teile der Senke, die nach der Karte von ausgedehnten Wäldern eingenommen werden, nachträglich versumpft sein. Vielleicht zeigt hier das Hochmoor auch bereits Transgressions-Charakter. Diese Auffassung der Tiruliai als eines überwiegenden Verlandungskomplexes erhält dadurch eine Stütze, daß in der nächsten sich nordwestlich anschließenden Senke ein großer See, der Rekyvos-See, liegt, umgeben von ausgedehnten Mooren, die wahrscheinlich Verlandungsmoore darstellen.

Die Größe des Gesamtmoores beträgt nach der Karte etwa 3000 ha, die des Hochmooranteiles schätzungsweise 700 ha. Das Hochmoor wird von Osten her durch die Insel, von Westen her durch eine weit eingreifende Flachmoorbucht in zwei fast getrennte, für sich aufgewölbte Hochmoorkomplexe, einen südlichen und einen nördlichen, geteilt. Den nördlichen haben wir nur an seinem Südrande betreten. Am Südrande des südlichen Hochmoorkomplexes scheint eine kurze Rülle (1) vorhanden zu sein. Wenigstens sahen wir von weitem eine gegen die zentrale Fläche vorspringende Zunge des Randwaldes. Sicher stellten wir zwei kurze Rüllen fest, die sich vom Hochmoor gegen die Ostinsel hinzogen (Rülle 2 und 3, vgl. Textfig. 10). Ihre Vegetation hatte durch Abholzen und Beweidung stark gelitten. Zwischen Hochmoor und Insel war ein breiter von Birkenflachmoor eingenommener Lagg vorhanden. Rülle 3 bewirkt zusammen mit einer breiten, von Westen her eingreifenden, baumfreien Flachmoorbucht die Einschnürung des Hochmoorkomplexes.

Das südliche endlose Flachmoor (vgl. Taf. 6 Abb. 23) besteht in der Hauptsache aus baumfreien schwingenden Parvocariceten. In der Bodenschicht ist *Cinclidium stygium* bemerkenswert (häufig Flächen bis zu 100 qm bedeckend!); außerdem wurden *Calliergon giganteum, Scorpidium scorpioides* und *Drepanocladus vernicosus* festgestellt. Das Flachmoor wird trotz seiner geringen Festigkeit größtenteils gemäht (vgl. die Heuhaufen auf Taf. 6 Abb. 23). Die direkte Überquerung des Flachmoores von Sideriu zur Südspitze des Hochmoorrandes mußten wir wegen zu großer Nässe aufgeben. Über einige einspringende Moorbuchten folgten wir dem Ostrand nordwärts und überquerten das Flachmoor dann etwas nördlich der Mühle. Es ist hier mindestens noch 1 km breit.

400 m vor dem äußeren Kiefernrand des Hochmoorgehänges beginnt das Zwischenmoor, erkennbar an zerstreutem *Salix*-Gebüsch und *Sphagna* in der Bodenschicht. Die Grenze gegen das Wiesenmoor ist meist scharf und verläuft vielfach geradlinig. Das hängt damit zusammen, daß das Zwischenmoor nicht mehr gemäht wird. Andrerseits werden wahrscheinlich sowohl die *Salices* wie die *Sphagna* auf den angrenzenden Flachmoorgrundstücken durch Mähen zurückgehalten. 200 m vom äußeren Kiefernrand wurde im Zwischenmoor nachstehende Aufnahme gemacht:

Salix pentandra   1
Salix aurita   1
Salix repens   1

Menyanthes trifoliata   3
Comarum palustre   2
Vaccinium oxycoccus   2
Carex lasiocarpa   2
Carex chordorrhiza   2
Carex limosa   1
Drosera rotundifolia   1

Drosera anglica   1
Equisetum palustre   1
Equisetum limosum   1
Malaxis paludosa   1
Epilobium palustre   1
Eriophorum polystachium   1
Peucedanum palustre   1—

Sphagnum obtusum Warnst.   5
Scapania irrigua 1 (an tieferen Stellen).

Eine *Carex lasiocarpa*-reiche Variante zeigte folgende Abweichungen:

Carex lasiocarpa   3
Menyanthes trifoliata   1—2
Scheuchzeria palustris   1—2
Eriophorum alpinum   1.

150 m vom äußeren Kiefernrand ist das Zwischenmoor schon ganz gut in flache *Andromeda-Sphagnum angustifolium*-Bulte und tiefere *Carex limosa-Sphagnum cuspidatum*-Flächen („Pseudoschlenken") differenziert:

a) **A n d r o m e d a - B u l t e.**

Andromeda polifolia   2
Vaccinium oxycoccus   3
Eriophorum vaginatum   2   (meist steril)
Drosera rotundifolia   1
Empetrum nigrum   1
Eriophorum alpinum   1   (Rand der Bulte)
Menyanthes trifolia   1   (Rand der Bulte)
Vaccinium uliginosum   1—

Sphagnum angustifolium Jensen[1])   3
Sphagnum medium   1
Aulacomnium palustre   3
Polytrichum strictum   1—2
Calliergon stramineum   1
Pleurozium Schreberi   1
Cladonia silvatica   1—.

b) **C a r e x   l i m o s a - Fläche.**

Carex limosa   1
Scheuchzeria palustris   1
Equisetum limosum   1
Drosera anglica   1
Menyanthes trifoliata   1

---

[1]) Sehr typisch ausgeprägtes *S. angustifolium*

Eriophorum alpinum   1
Carex rostrata   1—
Utricularia intermedia   2

Sphagnum cuspidatum var. plumosum   4
Drepanocladus fluitans fo. setiformis Ren.   1
Cephalozia fluitans   1—2   (gegen den Rand der Bulte eigene Rasen bildend).

100 m vom äußeren Kiefernrand waren die Bulte höher und größer geworden und trugen einen fast reinen Bestand von *Empetrum:*

Empetrum nigrum   4
Rubus chamaemorus   1
Vaccinium uliginosum   1
Ledum palustre   1—

Interessant ist die Reihenfolge des Auftretens der einzelnen Zwischen- und Hochmoorpflanzen. Es tauchten zum ersten Mal auf bei

400 m Abstand:
Menyanthes, Comarum, Carex limosa, Scheuchzeria, Drosera anglica;

200 m Abstand:
Vaccinium oxycoccus, Drosera rotundifolia, Carex chordorrhiza, Eriophorum alpinum, Malaxis;

150 m Abstand:
Andromeda, Empetrum, Eriophorum vaginatum, Vaccinium uliginosum;

100 m Abstand:
Rubus chamaemorus, Ledum;

alles vom äußeren Rand des Hochmoorrandwaldes gerechnet.

Der nun folgende Randwaldgürtel ist etwa 500 m breit. Er beginnt mit einigen zerstreuten Kiefern. 150 m einwärts ist der Bestand schon sehr dicht:

Pinus silvestris ($^1/_2$—$1^1/_2$ m hoch)   2—3

Eriophorum vaginatum 4	
Empetrum nigrum 2	Sphagnum fuscum 2—3
Calluna vulgaris 1—2	Sphagnum rubellum 2—3
Vaccinium oxycoccus 2	Sphagnum medium 1
Andromeda polifolia 1	Polytrichum strictum 1
Ledum palustre 1—	Pleurozium Schreberi 1
Vaccinium uliginosum 1—	Cladonia rangiferina 1
Rubus chamaemorus 1—	Cladonia silvatica 1.
Drosera rotundifolia 1	

In diesem stark bultigen Hauptbestand liegen sehr kleine tiefere Sphagnum balticum-Schlenken ohne Feldschicht, in denen das *Sphagnum* ganz oder teilweise durch *Drepanocladus fluitans* ersetzt sein kann:

Sphagnum balticum 3 bezw. 5	Lepidozia setacea 1—
Drepanocladus fluitans 3 bezw. 5	Cephalozia conf. macrostachya 1—.
Leptoscyphus anomalus 1	

Nach dem Innenrand des Randwaldes zu werden *Ledum, Rubus* und *Vaccinium uliginosum* immer häufiger. Der Kiefer mischt sich die Birke bei.

Dann folgt die zentrale, fast baumfreie, schwach gewölbte Hochfläche. Sie trägt größtenteils trockene Heide ohne Kiefern, aber mit vereinzelten kleinen Birken, die wiederum auf Brand hindeuten. Schlenken waren sehr schlecht ausgeprägt. Kolke sahen wir überhaupt nicht. *Vaccinium uliginosum* war auffallend häufig. Die Beeren werden von der Bevölkerung gesammelt (vgl. Taf. 6 Abb. 24). Eine Aufnahme 200 m vom i n n e r e n Rand des Randwaldes ergab Folgendes:

Betula alba (1—3 m hoch, 30--40 m Abstand) 1—

Vaccinium uliginosum 2
Calluna vulgaris 2
Eriophorum vaginatum 2—3
Vaccinium oxycoccus 1—2
Andromeda polifolia 1—2
Ledum palustre 1—
Rubus chamaemorus 1
Drosera rotundifolia 1

Sphagnum rubellum 3
Sphagnum fuscum 2
Sphagnum molluscum 1—
Polytrichum strictum 1
Leptoscyphus anomalus 1 } eigene Rasen auf abgestorbenem *Sphagnum*
Lepidozia setacea fo. compacta } bildend
Lepidozia setacea fo. flagellacea 1—
Cephalozia connivens 1—.

Die Vegetation der Rülle 2, die zunächst schmal einsetzte, sich gegen den Birkenwaldlagg am Ostrand der Insel aber bald verbreiterte, war, wie schon erwähnt, durch Abholzen stark verändert. Durch das weidende Vieh war die Vegetation in einzelne Bulte mit dazwischen liegenden tiefen schlammigen Torfrinnen zerlegt worden. Hier wuchsen unmittelbar neben dem Hochmoor:

Pinus, Betula, Picea, Juniperus, Ledum, Vaccinium uliginosum, V. vitis idaea, Aspidium thelypteris, A. spinulosum, Athyrium filix femina, Galium uliginosum, Epilobium palustre, Parnassia, Potentilla silvestris, Stellaria glauca, Coronaria flos cuculi, Scutellaria galericulata, Lysimachia vulgaris, Lycopus europaeus, Viola palustris, Veronica scutellata, Myosotis palustris, Eriophorum polystachium.

Ähnlichen Charakter trug die Rülle 3.

Drückende Hitze trieb uns frühzeitig in den Schatten des hohen Fichtenwaldes auf der großen Ostinsel. Von hier suchten wir zunächst vergebens einen Übergang über das östliche tiefe Schwingflachmoor zum Dorf Palekie. Schließlich fanden wir weiter südlich einen „Weg", der in seiner ganzen Länge durch eine $^1/_2$ m tiefe Wasserrinne dargestellt wurde, und gelangten auf diesem durch sehr nassen Bruchwald zu einer kleinen, mitten in der trennenden Senke gelegenen Insel mit einem einsamen Haus. Von hier war der Weg über den tiefsten zweiten Teil der Flachmoorsenke nicht mehr zu verfehlen.

IV. Das Hochmoor Sulinai.

Das Hochmoor Sulinai liegt 6 km östlich von Sideriu, etwa 3 km nördlich der Stadt Šiaulenai. Wir erreichten es in 1½ Stunden über das Dorf Biretiškiai. Es ist nach der Karte etwa 1200 ha groß. Ob es mehr einen Versumpfungskomplex oder einen Verlandungskomplex darstellt, konnten wir nicht entscheiden, doch scheint eher das erstere der Fall zu sein. Den Randlagg sahen wir nur am Westrande bei Biretiškiai, wo der breite Sumpfwaldstreifen, den die Reymannsche Karte noch in ununterbrochener Ausdehnung um den ganzen Westrand herum zeigt, längst abgeholzt ist. Weite sumpfige Wiesen und Weiden sind an dessen Stelle getreten, durchzogen von einem breiten Ent-

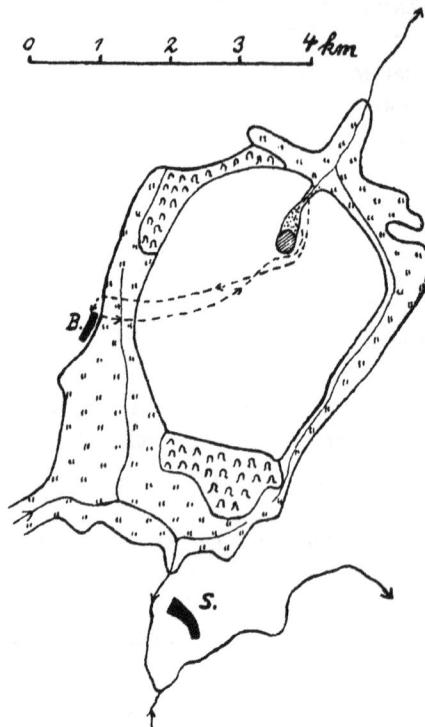

Textfig. 11. Hochmoor Sulinai. 1 : 100000. (B = Biretiškiai, S = Šiaulenai).

wässerungsgraben, der nur auf Brücken überschreitbar ist. Hier muß der Lagg ehemals sehr breit gewesen sein. Weiter nach Norden zu nimmt seine Breite allerdings schnell ab. Dort stößt am Westrand auch noch Hochwald an das Moor. Die Höhe des Moores beträgt 119 m. Ein größerer südlicher Teil entwässert nach Süden zur Šušva, die zunächst östlich, dann südlich direkt dem Njemen zufließt. Ein kleinerer nördlicher Teil entwässert dagegen nach Nordosten zur Berža, die schließlich nach Süden umbiegend sich in die Šušva ergießt. In diesem nordöstlichen Teil liegt ein etwa 15 ha großer Restsee, der in nordsüdlicher Richtung etwa 250 m lang und 200 m breit, aber in der Reymannschen Karte 1½ km zu weit nach Südwesten eingezeichnet ist. Der ganze Süd- und Westrand des Sees wird von einem sehr zerlappten, festen Torfufer eingenommen, das stellenweise anerodiert wird. Der stark geneigte Hochmoorhang dahinter zeigt einen zwar wenig ausgedehnten, aber ganz gut ausgebildeten Erosionskomplex. Am Nordostufer des Sees grenzt an diesen breites Zwischenmoor. Es ist dies der Anfang einer Rülle, die wir weit nach Nordosten verfolgten. Sie verschmälert sich in einiger Entfernung vom See stark, scheint aber den nordöstlichen Lagg zu erreichen und stellt offenbar den natürlichen Abfluß des Sees dar. Allerdings kann dieser Abfluß nur bei Hochwasser einigermaßen von Bedeutung sein. Bei normalem Wasserstand spielt, nach der Beschaffenheit der Vegetation im Mittellauf der Rülle zu schließen, auch der Sickerwasserabfluß kaum eine Rolle. Die völlige Einschließung des Restsees durch das von beiden Seiten herumgreifende Hochmoor ist demnach wohl nahezu abgeschlossen. Kurz nordwestlich der Rüllensenke verläßt ein geradliniger, aber fast zu-

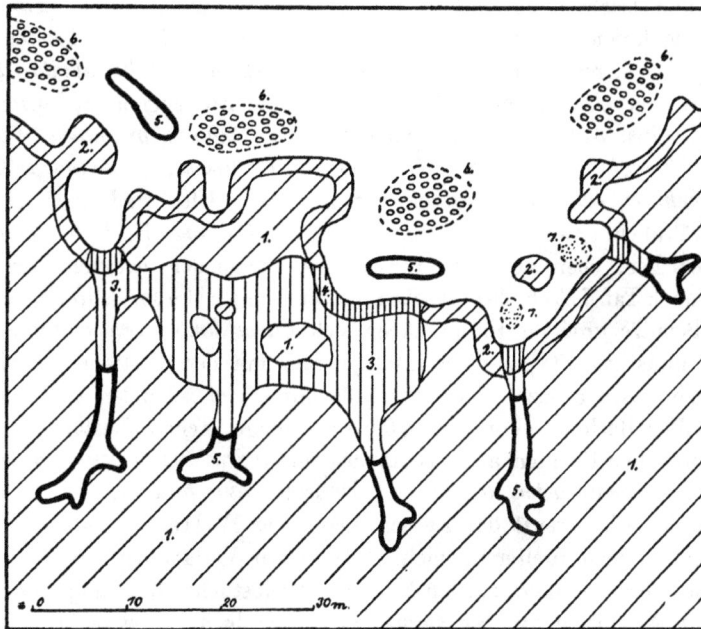

Textfig. 12. Hochmoor Sulinai. Erosionskomplex am Südufer des Restsees. (1. *Calluna*-Heide, Erklärung der übrigen Bezeichnungen im Text.)

gewachsener Entwässerungsgraben den See und zieht sich durch hohes *Calluna*-Moor in mehr nordnordöstlicher Richtung zum Hochmoorrand. Rülle und Graben dürften zusammen mit zwei beiderseitigen kürzeren Randlaggstücken den Ursprung des nördlichen Moorabflusses darstellen.

Das Hochmoor zeigt auffallend starke Wölbung. Der Hang gegenüber Biretiškiai ist ziemlich steil und weist ebenfalls deutliche Erosionsspuren auf. Sein Gehängewald ist ebenso wie die Zwischenmoorwälder gegen den Lagg durch Abholzen und Beweidung zerstört. Die zentrale Hochfläche ist völlig abgebrannt, hat aber auch vor dem Brand sicher keinen typischen Regenerationskomplex getragen. Wenigstens sahen wir keine Spuren ehemaliger Schlenken, auch nicht in Form der auf Ežeretis beobachteten *Andromeda*-Schlenken.

57*

Nur die vom Brande verschont gebliebene Vegetation um den See herum verdient näheres Interesse, zunächst der Erosionskomplex am Hochmoorhang. Am Westufer, besonders aber am Süd- und Südostufer ziehen sich zahlreiche 10—30 m lange, schmale, wenig eingesenkte, nackte Torfrinnen zum See hinab. Sie sind durch das vom steilen Randgehänge oberflächlich bei Regengüssen, Schneeschmelze usw. herabfließende Wasser entstanden (5 in Textfig. 12; vgl. auch Taf. 7 Abb. 25). In ihren oberen Teilen sind sie meist mehr oder minder verästelt und tragen dort destruktive *Eriophorum vaginatum*-Bulte. Gegen den See zu werden sie auf eine kurze Strecke von einem noch betretbaren *Carex limosa-Scheuchzeria*-Schwingrasen (3), daran anschließend von einem nicht mehr betretbaren *Calla*-Bestand (4) eingenommen, der gewöhnlich unmittelbar an das offene Wasser grenzt. Das Ufer selbst ist stark zerlappt. Vorwiegend reicht das bultige feste *Calluna*-Moor (1) bis an das Wasser und bricht ohne Verlandungsbestände mit einem festen, etwa $^1/_2$ m hohen Ufer ab. Die Vegetation ändert sich jedoch insofern, als ein 1—2 m breiter Randstreifen (2) durch Gruppen höherer Bäume (*Pinus, Betula*), Gesträuch (*Salix aurita, S. pentandra, Populus tremula*) und eingesprengte, bezw. vorgesetzte Zwischenmoorpflanzen (*Comarum, Menyanthes, Epilobium palustre, Peucedanum palustre, Stellaria graminea, Viola palustris, Lysimachia thyrsiflora, Carex rostrata, C. canescens, C. limosa, C. diandra, Calamagrostis neglecta, Aulacomnium palustre*) ausgezeichnet ist. Dem Ufer sind auch einzelne Inseln vorgelagert, gewöhnlich ganz von der Randfacies der *Calluna*-Heide eingenommen. Zusammen mit niedrigen, eben aus dem Wasser herausragenden nackten Torfbänken (5 in Textfig. 12, vgl. auch Taf. 7 Abb. 26) sprechen sie deutlich für die fortschreitende Abrasion des Ufers. Nur im Schutze größerer Inseln haben sich *Carex limosa-Scheuchzeria*-Schwingrasen gebildet, die an günstigen Stellen diese Inseln wieder mit dem Festlande verbinden. Solche Verlandungsschwingrasen grenzen dann ebenfalls mit einem schmalen *Calla*-Gürtel an das offene Wasser stiller Buchten. Vor dem Ufer sind einige lockere Bestände von *Nymphaea* (6) vorhanden, in stillen Buchten auch Bestände von *Hydrocharis morsus ranae* (7). Außerdem wächst im See *Potamogeton natans* und *Drepanocladus fluitans*.

An der Nordostecke grenzt das Zwischenmoor der Rülle in breitem Streifen an den See und bildet hier einen breiteren, nicht betretbaren Verlandungsstreifen. Die anfangs fast 100 m breite Rülle verläuft zunächst in nordnordöstlicher Richtung, biegt später aber immer mehr nach Nordosten ab. Sie verschmälert sich bald auf etwa 50 m, ist dabei nur noch schwach in die Hochfläche eingesenkt, an ihrer abweichenden Vegetation aber gut erkennbar. Bis etwa 200 m Entfernung vom See trägt sie ziemlich einheitliches, nasses, schwach bultiges Zwischenmoor mit

Pinus silvestris 1 —	Ledum palustre 1 (Bulte)
Picea excelsa 1—	Calluna vulgaris 1— (Bulte)
Populus tremula 1—	Empetrum nigrum 1— (Bulte)
Salix aurita 1—	Carex rostrata 2
————	Carex chordorrhiza 1 +
Menyanthes trifoliata 3	Carex limosa 1 +
Comarum palustre 3	Carex Goodenoughii 1
Vaccinium oxycoccus 4	Eriophorum vaginatum 1 (Bulte)
Andromeda polifolia 1—2	Peucedanum palustre 1

Epilobium palustre 1
Scheuchzeria palustris 1
Drosera rotundifolia 1

Sphagnum amblyphyllum var. mesophyllum 4
Sphagnum medium 1 (Bulte)
Polytrichum strictum 1 (Bulte)
Aulacomnium palustre 1--2 (Bulte)
Pleurozium Schreberi 1   (Bulte)
Drepanocladus fluitans 2 (tiefste Pseudoschlenken)
Scapania paludicola Loeske et K. M. 2 (wie vorige)
Lophozia Kunzeana fo. plicata 1 (wie vorige)
Cephalozia pleniceps var. macrantha 1— (wie vorige)
Calliergon stramineum 1—
Cladonia silvatica 1— (Bulte)
Cladonia rangiferina 1— (Bulte).

Weiter unterhalb löst sich die Vegetation immer mehr in Bulte und Schlenken auf, in den letzteren kommen hinzu:

Drosera anglica
Scheuchzeria palustris (sehr viel)
Sphagnum subtile,

während die extremen Zwischenmoorpflanzen wie *Epilobium palustre, Peucedanum palustre, Carex Goodenoughii, C. chordorrhiza, C. rostrata, Comarum, Menyanthes,* die *Scapania* und *Lophozia* sich nach und nach verlieren.

Bei etwa 250 m Entfernung vom See haben wir schließlich eine Reihe von Schlenken, die größtenteils miteinander in Verbindung stehen, sodaß das Ganze wie ein geschlängelter Bachlauf aussieht. Die Schlenken sind in eine an *Ledum, Empetrum* und *Rubus chamaemorus* reiche *Calluna*-Fläche eingesenkt. Die extremen Zwischenmoorpflanzen sind alle verschwunden. In den Schlenken wächst nur noch:

Carex limosa 3
Drosera anglica 2
Scheuchzeria palustris 1—2
Rhynchospora alba 1

Sphagnum cuspidatum 5.

Wenn tatsächlich unsere oben ausgesprochene Vermutung richtig ist, daß die Rülle den vom Hochmoor fast überwachsenen Abfluß des Restsees darstellt, dann muß hier der höchste Punkt der Senke liegen, an dem die Vegetation am weitesten nach der oligotrophen Seite vorgeschritten ist.

Noch weiter abwärts (etwa 500 m vom See) wird die Vegetation wieder etwas mehr eutroph. Dort besteht nämlich die Rülle aus einem etwa 40 m breiten Streifen, der reich ist an *Carex limosa-Scheuchzeria*-Schlenken. Diese stehen durchweg senkrecht zur Rüllenrichtung, die Stränge dazwischen sind aber größtenteils durchbrochen. Es ist also auch

454

hier eine Art Bachlauf ausgeprägt. In die *Carex limosa*-Schlenken sind wieder tiefere *Menyanthes*-Schlenken eingesenkt:

Menyanthes trifoliata   4
Carex rostrata   2
Vaccinium oxycoccus   2
──────────
Sphagnum amblyphyllum var. mesophyllum   5.

Auch diese bilden größtenteils ein ununterbrochenes Band. Weiter nordöstlich war die ganze Rülle vom Vieh zerwühlt, ein ziemlich sicherer Beweis, daß wir nicht weit vom Randflachmoor entfernt waren. Ein Gewitterregen schränkte die Aussicht stark ein und zwang uns gleichzeitig zum Umkehren. Trotzdem scheint es uns sehr wahrscheinlich, daß die Senke tatsächlich das Randflachmoor erreicht. In dem Restsee und seiner Abflußrinne besitzt auch dieses Moor, dessen zerstörte Hochflächenvegetation wenig zur eingehenden Betrachtung reizt, eine interessante hydrographisch-morphologische Sondererscheinung, deren eigentümliche Verhältnisse eine endgültige Klärung verdienten.

V. Das Hochmoor Didžioji Pline.

Das Hochmoor Didžioji Pline[1]) liegt 15 km südöstlich von Tauroggen in dem ausgedehnten Waldgebiet, das sich von der Memel (Njemen) nordwärts weit über die memelländisch-lithauische Grenze erstreckt. Das Moor liegt noch ganz auf lithauischem Gebiet, erreicht die Grenze aber mit seinem Südende. Die Poststraße Tauroggen—Jurborg führt in 1½ km Entfernung am Nordrande des Moores vorbei. An seinem Ostrande liegt das Dorf Eičiu, wenig nördlich davon an der Poststraße die Poststation gleichen Namens, die den besten Ausgangspunkt für das Moor darstellt. Das Moor ist nach der Karte[2]) etwa 900 ha groß. Doch ist wahrscheinlich nicht die ganze Fläche Hochmoor. An seiner Nordostecke liegt nämlich ein kleiner See, Buveiniu Ežeres, von dem ein Bachlauf zunächst am Westrande des Moores entlang, später mitten durch das Moor hindurchgeht und schließlich als Wischwill bei dem Orte gleichen Namens in die Memel mündet. Dies ist auch der natürliche Abfluß des Moores. In der Umgebung des Sees liegen ziemlich ausgedehnte Zwischenmoore. Sie werden auch den Bach weiter abwärts begleiten und es ist fraglich, ob die Moorteile westlich dieses Baches überhaupt ins Hochmoorstadium gelangt sind. Wenn das tatsächlich der Fall sein sollte, müßten dadurch, daß mitten durch oligotrophes Hochmoor ein eutrophes Gewässer hindurchgeht, sehr interessante Vegetationszonationen entstehen. Doch hatten wir nicht genügend Zeit, diesen entfernteren Teil des Moores zu besuchen. Wir mußten uns mit einer Überquerung der östlichen Hochmoorfläche vom See Buveiniu zum Dorf Eičiu begnügen.

Für den weiten Weg von Tauroggen zu dem Moor hatte uns Dr. Vilkaitis einen Wagen besorgt. Nach einer schönen Fahrt durch die prächtigen Hochwälder der Oberförsterei Tauroggen, die einzigen in Lithauen, die mit ihrem quadratischen Schneisennetz

---

[1]) = „Großes Moor". Auf der Reymannschen Karte steht „Wilkie Plinie".
[2]) Für dieses Moor kommt auch Einheitsblatt 6 der Karte des Deutschen Reiches, bezw. Blatt 19 Wischwill derselben Karte in Frage, die beide über die Grenze ziemlich weit hinüber reichen.

einen forstlich einigermaßen gepflegten Eindruck machten, ließen wir den Wagen 3 km
vor der Poststation halten und wandten uns südwärts dem See Buveiniu zu, während wir
den Wagen zur Poststation vorausschickten. Mit einem bedenklichen Kopfschütteln sah
uns unser Wagenführer nach, als wir ohne Weg in dem von zahlreichen Bruchwaldrinnen
durchzogenen Hochwald verschwanden und nach dem Kompaß unserem noch 2 km ent-
fernten Ziel zugingen. Eine dieser Rinnen, wahrscheinlich Zuflüsse zu dem Zwischenmoor am See Buveiniu, verlockte uns zu einer Aufnahme. Die Rinne war mit prächtigem
Fichtensumpfwald bestanden. Der Boden war so naß, daß z. T. zwischen den Bulten

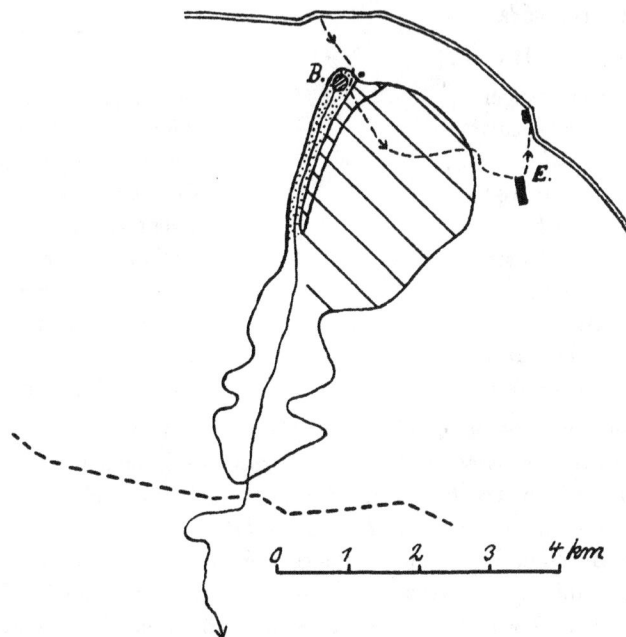

Textfig. 18. Hochmoor Didžioji Pline bei Tauroggen. 1 : 100 000.
(Bezeichnungen wie in Textfig. 10. — B = Buveiniu Eżeres, E = Eičiu. Die gestrichelte Linie im Süden
ist die memelländisch-lithauische Grenze, die Doppellinie im Norden die Poststraße Tauroggen-Jurborg)·

um die Stämme herum tiefes Wasser stand. Einige Windbrüche (vgl. Taf. 7 Abb. 27)
erhöhten den urwaldartigen Eindruck:

Picea excelsa (35 m hoch) 4
Alnus glutinosa (35 m hoch) 2

Bulte:

Athyrium filix femina	Lycopodium annotinum
Circaea alpina	Geranium robertianum
Luzula piloza	Trientalis europaea
Oxalis acetosella	Vaccinium myrtillus
Phegopteris dryopteris	Filipendula ulmaria
Majanthemum bifolium	Aspidium spinulosum

Ribes nigrum
Rubus saxatilis
Urtica dioica

Thuidium tamariscinum
Mnium affine
Pleurozium Schreberi
Rhythidiadelphus triquetrus
Dicranum scoparium
Tetraphis pellucida

Nasse Zwischenfläche:

Impatiens nolitangere
Scutellaria galericulata
Glyceria aquatica
Epilobium palustre
Myosotis palustris
Lysimachia vulgaris
Ranunculus repens
Calla palustris
Solanum dulcamara
Aspidium thelypteris

Aulacomnium androgynum
Lepidozia reptans
Polytrichum formosum
Polytrichum juniperinum
Hypnum cupressiforme
Hylocomium splendens
Eurhynchium striatum
Sphenolobus exsectiformis

Malachium aquaticum
Viola palustris
Veronica scutellata
Cicuta virosa
Lycopus europaeus
Galium palustre

Sphagnum squarrosum
Calliergonella cuspidata
Trichocolea tomentella.

Am Rande der Rinne bedeckte ein ununterbrochener schwellender Moosteppich (*Pleurozium Schreberi*, *Sphagnum cymbifolium*, *Sph. Girgensohnii*) den Boden. Zusammen mit *Ramischia* war *Lycopodium annotinum* in der Feldschicht herrschend. Hier fanden wir nach einigem Suchen auch die ersehnte *Listera cordata*.

Nahe am See Buveiniu liegt ein einsames Gehöft, von dem ein primitiver Knüppeldamm über breites, anfangs gemähtes Schwingmoor zum See führt, der etwa 200 m Durchmesser hat. Das Zwischenmoor südöstlich vom See zeigte folgende Zusammensetzung (vgl. Taf. 7 Abb. 28):

Betula alba (5 m hoch) 2—3
Picea excelsa 1
Pinus silvestris 1

Eriophorum polystachium 2
Aspidium thelypteris 2
Menyanthes trifoliata 2
Comarum palustre 1—2
Epilobium palustre 1—2
Carex diandra 1—2

Carex rostrata 1
Carex dioica 1
Scheuchzeria palustris 1
Stellaria graminea 1
Galium palustre 1
Peucedanum palustre 1
Vaccinium oxycoccus 1

Sphagnum contortum 4
Sphagnum obtusum Wärnst. 1.

Wir wandten uns in südöstlicher Richtung, wo wir das Hochmoor vermuteten. Von diesem selbst sahen wir allerdings noch nichts. Ein sehr hoher Kiefernwaldstreifen zog sich von Norden, vom diluvialen Festland her, südwestwärts und schien die Rinne des Seeabflusses ein beträchtliches Stück gegen Südsüdwest zu begleiten. Der Wald war so gut ausgebildet, daß wir zunächst annehmen mußten, er stände auf einer diluvialen Zunge, die östlich die Seebucht vom Hauptmoor abschließt. Erst als wir bei unserem weiteren Vordringen in südöstlicher Richtung die übliche Zonation sehr schroffer Übergänge von Flachmoor zu Hochmoor antrafen und nach Durchquerung des Hochwaldes, der auf ziemlich steil ansteigendem Boden lag, plötzlich auf der zentralen Hochmoorfläche standen, wurde uns die Sachlage klar. Der Hochwaldstreifen stellt einen ausgezeichneten Randwald dar und steht tatsächlich auf dem steil zur Seerinne abfallenden [Hochmoorrand. Es ist der beste Randwald, den wir auf unserer Reise trafen. Er übertrifft an Höhe der Bäume und Geschlossenheit seines Bestandes bei weitem noch die Randwälder an der Seesenke auf Ëžeretis.

In der Richtung See—Hochmoor (Westnordwest—Ostsüdost) folgten folgende Zonen aufeinander:

I. Etwa 200 m Zwischenmoor (vgl. obige Aufnahme).

II. Etwa 160 m Flachmoor, in dem die *Sphagna* allmählich durch *Drepanocladus*, besonders *Dr. vernicosus*, ersetzt werden. Hier war *Menyanthes* tonangebend, außerdem noch *Ranunculus lingua* bemerkenswert.

III. Etwa 50 m (nacktes) Schlammflachmoor mit nur wenig *Menyanthes, Scheuchzeria, Utricularia intermedia*, jedoch mit einzelnen Birken. Diese Zone, offenbar eine Abflußrinne des nordwestlichen Hochmoorlaggs, war am schwierigsten zu überschreiten.

IV. Etwa 100 m plötzlich einsetzender sehr bultiger Vorrandwald, bestehend aus einem unscharfen Komplex von Zwergstrauchbulten und *Eriophorum*-Flächen (vgl. Taf. 8 Abb. 31):
Pinus silvestris (10 m hoch) 3.

A. Bulte:

Rubus chamaemorus 3—4	Sphagnum medium 3
Ledum palustre 2—3	Sphagnum angustifolium Jens. 2
Empetrum nigrum 2	Pleurozium Schreberi 2
Vaccinium uliginosum 2	Polytrichum strictum 1—2.
Eriophorum vaginatum 1—2	
Vaccinium oxycoccus 1	
Drosera rotundifolia 1	

B. Eriophorum-Fläche.

Eriophorum vaginatum 2—3	Vaccinium oxycoccus 1
Empetrum nigrum 1	Drosera rotundifolia 1
Rubus chamaemorus 1	Sphagnum angustifolium 3
Andromeda polifolia 1	Sphagnum medium 2.

Dieser Streifen wird hochmoorwärts immer reicher an *Rubus chamaemorus* und geht allmählich über in

V. etwa 100 m breiten, hohen Randwald auf ansteigendem Hochmoorhang:
Pinus silvestris (30 m hoch) 3
Betula alba (bis 30 m hoch) 1

458

Eriophorum vaginatum 2—3	Sphagnum medium 3
Vaccinium myrtillus 3 (Bulte)	Sphagnum rubellum 2 (Bulte)
Vaccinium uliginosum 2	Polytrichum strictum 2 (Bulte)
Ledum palustre 2	Pleurozium Schreberi 1—2 (Bulte)
Calluna vulgaris 1	Dicranum undulatum 1
Vaccinium vitis idaea 1	Dicranum scoparium 1—
Rubus chamaemorus 1—2	
Andromeda polifolia 1—	
Vaccinium oxycoccus 2 (Bulte)	

Nach dem Hochmoor zu werden die Kiefern schnell kleiner.

100 m vom inneren Rande des Randwaldes besteht die Vegetation der Hochfläche, die erfreulicherweise nirgends Brandspuren zeigte, aus einer flachen *Eriophorum vaginatum*-Assoziation, in der flache, wenig scharfe *Calluna*-Bulte eine bescheidene Rolle spielen. Schlenken fehlen noch. Hier wuchsen:

Pinus silvestris (1—3 m hoch, 5 m Abstand) 1—2

	Sphagnum rubellum 3
Eriophorum vaginatum 3	Sphagnum fuscum 2 (Bulte)
Calluna vulgaris 1—2 (Bulte)	Sphagnum medium 2
Rubus chamaemorus 1—	Lepidozia setacea 1—
Andromeda polifolia 1—	Leptoscyphus anomalus 1—
Drosera rotundifolia 1	Cladonia rangiferina 1 (Bulte)
	Cladonia silvatica 1 (Bulte).

Weiter einwärts gewinnt *Scirpus caespitosus*, eine Pflanze, die wir hier zum ersten Mal auf einem lithauischen Hochmoor sahen,[1] allmählich über *Eriophorum vaginatum* die Oberhand. Gleichzeitig treten auch spärliche *Andromeda-*, *Rhynchospora-* und *Carex limosa-Scheuchzeria*-Schlenken auf, die undeutlich parallel in Ostwest-Richtung laufen (nächster Hochmoorrand im Norden). Die *Calluna*-Bulte sind noch flacher und unscheinbarer geworden, als am Rande der Hochfläche. Die Hochfläche macht im großen und ganzen einen recht ebenen Eindruck.

500 m vom inneren Rand des Gehängewaldes zeigte die Hauptassoziation, in die die Schlenken eingesenkt waren, folgende Zusammensetzung:

Pinus silvestris (1—2 m hoch, 30 m Abstand) 1—

Scirpus caespitosus var. austriacus 3—4
Eriophorum vaginatum 1
Calluna vulgaris 3 (unscharfe Bulte)
Andromeda polifolia 1
Rubus chamaemorus 1

[1] Es ist möglich, daß wir diese typische Hochmoorpflanze auf den übrigen lithauischen Hochmooren hier und da übersehen haben, zu einer Zeit, wo sie nicht so sehr in die Augen fällt wie zu ihrer Blütezeit im Frühjahr. Wahrscheinlicher ist aber, daß sie ebenso wie im übrigen Baltikum (vgl. Kupfer, S. 140) auch in Lithauen auf einen verhältnismäßig schmalen, küstennahen Landstrich beschränkt ist.

Vaccinium oxycoccus 1
Drosera rotundifolia 1
Rhynchospora alba 1

———

Sphagnum rubellum 2—3
Sphagnum balticum 2—3
Sphagnum fuscum 1—2 (Bulte)
Dicranum Bergeri 1 (Bulte)

Aulacomnium palustre 1— (Bulte)
Leptoscyphus anomalus 1—
Lepidozia setacea 1—
Cephalozia connivens 1—
Cladonia rangiferina 1 ⎫
Cladonia silvatica 1   ⎬ (Bulte).
Cladonia pyxidata 1— ⎭

Für die *Scheuchzeria-Carex limosa*-Schlenken war *Drosera anglica* sehr charakteristisch. An einer solchen Schlenke wurde einmal auch ein größerer Bestand von *Carex pauciflora* bemerkt.

Am Nordrand des Moores finden sich große ausgedehnte *Rhynchospora alba*-Bestände (vgl. Taf. 8 Abb. 29), die durch ihre helle Farbe schon von weitem auffielen und uns in mehr nördliche Richtung ablenkten. Sie stellen einen fast 100 m breiten, vollkommen flachen, trockenen Randstreifen des Hochmoores dar. Jenseits desselben beginnt der diluviale Hochwald, der mit scharfer (künstlicher) Grenze gegen das Moor abschneidet, unbekümmert darum, ob Bruchwaldrinnen oder stark kupierte Diluvialrücken mit herrlichem Fichtenhochwald an das Moor grenzen. Die *Rhynchospora*-Bestände sind offenbar ursprünglich durch fließendes Hochwasser entstanden. Sie setzen sich weit nach Südwesten gegen den See Buveiniu fort und bilden wohl den sehr flachen Anfang eines Randlaggs. Außerdem sind sie aber wahrscheinlich nachträglich durch Viehtrieb (und Abholzen?) verändert und vergrößert. Die nächsten Gehöfte liegen 500 m entfernt. Es lassen sich zwei Abänderungen unterscheiden, eine dem Hochmoor näher gelegene Zone mit viel nacktem Torf und eine zweite breitere Zone nach dem Rande zu mit deckendem *Sphagnum*:

Rhynchospora alba 4+
Calluna vulgaris 2 (sehr klein)
Andromeda polifolia 1—2

———

Sphagnum balticum a) 2—3 b) 5.

Von hier aus wurde in ¼stündigem Marsche am Nordostrand des Moores entlang das Dorf Eičiu erreicht. Den für den folgenden Tag geplanten Besuch des Hochmoores „Bagno Plinoje", 10 km westnordwestlich von Tauroggen, mußten wir wegen schlechten Wetters aufgeben.

VI. Allgemeines über die Memel-Niederung.

Die kurische Niederung, größtenteils eingenommen von dem Memel-Delta, ist besonders reich an großen, zum Teil noch heute gut erhaltenen Hochmooren. Gross stellt in seiner Bearbeitung der ostpreußischen Moore dieses Gebiet den drei übrigen viel ausgedehnteren ostpreußischen Landschaften als besonderes Moorgebiet gegenüber. Es ist eine eigenartige, morphologisch in sich geschlossene Landschaft voller geographischer Probleme, die in Norddeutschland kaum ihresgleichen besitzt und eine eingehende landeskundliche Darstellung verdiente.

Der ausgedehnte ehemalige Mündungstrichter der Memel verdankt seine Entstehung einer postglacialen Senkung (vgl. Tornquist, S. 194). Der inzwischen wieder landfest gewordene Teil besteht mit Ausnahme einer Anzahl durchragender Diluvialinseln aus dem vom Memel-Strom abgesetzten Sand und Schlick. Nahe am Haff beteiligt sich auch mehr oder weniger reiner Haff-Faulschlamm an dem Aufbau. Das ganze Gebiet liegt kaum 1 m über dem Meeresspiegel, der haffnahe Teil sogar fast im Gebiet des Meeresspiegels selbst. In diesem niedrigsten vorderen Teil sind die Flachmoore, die sich auf dem landfest gewordenen Gebiet entwickelten, in breitem Streifen in den ausgedehnten Erlenbrüchen des ehemaligen Ibenhorster Revieres (jetzt Forst Ibenhorst, Tawellningken und Nemonien) erhalten geblieben. Außer den Diluvialinseln sind es vor allem die etwas erhöhten Flußränder, die einer weniger hygrophilen Vegetation und dem Menschen Gelegenheit zur Ansiedelung bieten. Die vordere Erlenbruchzone wird von den Siedelungen jedoch gemieden. Nur an der Ausmündung der vielen Mündungsarme findet sich fast immer ein Fischerdorf in Form einer charakteristischen doppelten Reihensiedlung auf den beiderseitigen erhöhten Ufern. Am Haff können auch alte Strandwälle erhöhte und trockenere Stellen bieten. Für die Lage der Ortschaft Juwendt scheinen solche alten Strandwälle ausschlaggebend gewesen zu sein.[1]

In zwei Randzonen, z. T. durch vorgelagerte Diluvialinseln und -halbinseln geschützt, haben sich die Flachmoore weiter zu Hochmooren entwickelt. Die nördliche Reihe enthält das Tyrus-Moor, Schwenzelner Moor, Iszlisz-Moor, Augstumal-Moor, Rupkalwener Moor, Medszokel-Moor, Berstus-Moor, Heinrichsfelder Moor und Pleiner Moor. Zur nördlichen Reihe muß auch das Bredszuller oder Ibenhorster Moor gerechnet werden, das einzige Hochmoor, das sich im mittleren Mündungsdreieck angelehnt an einen langgestreckten, stellenweise über 10 m ansteigenden Sandrücken hat bilden können. Die südliche Reihe beginnt mit einigen kleineren, größtenteils schon abgebauten Mooren östlich Heinrichswalde, dann folgt das Schnecken-Moor, das Große und Kleine kahle Moosbruch, das Nemoniener Moor und das Agilla-Moor oder Lenkhügeler Moosbruch. In dem südlichen nicht mehr zum eigentlichen Memel-Delta gehörenden Verlandungssaum des Kurischen Haffs liegen noch drei kleinere Hochmoore und schließlich im innersten Zipfel hinter der Nehrung das Cranzer Hochmoor. Die Mitte des Deltas, in der vor der Eindeichung die Mündungsarme frei hin und herpendeln konnten, ist bis auf das Bredszuller Moor frei von Hochmooren.

Die alten Mündungsarme der Memel sind teils durch natürliche, größtenteils aber durch künstliche Abdämmung außer Tätigkeit getreten. Die Reste ihres Oberlaufes sind jedoch noch mehr oder weniger gut auf dem Meßtischblatt erkennbar. Als die südlichsten sind Schnecke (schon kurz unterhalb Tilsit abzweigend) und Schalteik anzusehen, die sich in ihrem Unterlauf zum Nemonien-Strom vereinigten. Der letztere besitzt auch jetzt noch ansehnliche Breite und Tiefe, erhält jetzt aber seinen Hauptzufluß aus zwei dem diluvialen Hinterlande entstammenden früheren Seitenflüssen, dem Timber- und dem Laukmen-Strom. Die Schalteik wurde schon in den Jahren 1613—1616 abgedämmt. In den gleichen Jahren begannen die künstlichen Eingriffe in den Verlauf des nächst nördlichen Mündungsarmes, der Gilge. Sie war ehemals wohl einer der bedeutendsten Mündungsarme. Die Gilge ist auch jetzt noch als Memelarm erhalten, aber völlig kanalisiert mit z. T. starker Abweichung

[1] Vgl. Kaunhowen, S. 291.

vom alten Bett, und stellt jetzt die oberste Abzweigung vom Hauptstrom dar. Von ihrer Abzweigungsstelle an kommt der Name „Memel" außer Gebrauch. Der nördliche Hauptarm wird von hier ab als Rusz bezeichnet. Durch die Kanalisierung der Gilge und durch die an Gilge und Rusz entlang geführten Dämme wurden die vielen in dem mittleren Mündungsdreieck zwischen Gilge und Rusz abzweigenden Mündungsarme außer Tätigkeit gesetzt. Nur ihre breiten Ausmündungen ins Haff sind noch erhalten, fast alle gekennzeichnet durch eine alte Fischersiedelung. Es sind das in der Richtung von Süden nach Norden Tawelle, Inse, Loye, Rungel, Alge und Ackminge. Landeinwärts verlieren sie sich jetzt bald als stille Altwässer in den weiten Erlenbrüchen des Ibenhorster Revieres. Weiter nordwärts folgt dann das noch ungezähmte Mündungsgebiet des Rusz-Stromes, in dem sich der mächtige südliche Skirwieth-Strom und der nördliche Atmath-Strom als Hauptmündungsarme um die Herrschaft streiten. Ihre ins Haff vorgeschobenen Mündungsdeltas sind geradezu klassisch ausgebildet (Meßtischblatt 28 Minge und 43 Skirwieth).

Die seitlichen Dämme sind flußabwärts an dem Rusz-Strom auf der linken Seite bis zum Bredszuller Moor, an der neuen Gilge auf der rechten Seite bis zur Abzweigung der Tawelle fortgeführt. Der diese Endpunkte verbindende „Haffdeich", der das Gilge-Rusz-Dreieck nach dem Haff zu abschließt, liegt also weit landeinwärts. Die Erlenbrücher des Ibenhorster Revieres sind deshalb größtenteils dem Haffhochwasser noch ungehindert ausgesetzt.

In diesem vorderen Streifen ist der Anteil der Vegetation an der Haffverlandung und die Zonenfolge vom Haffufer bis zu den Hochmooren der seitlichen Randzonen, die zum ersten Mal Potonié (I, S. 47 ff.) geschildert hat, von besonderem Interesse. Die Erlenbrücher selbst sind größtenteils Erlensumpfmoore. Der Boden liegt so tief, daß an Stelle der gewöhnlichen Gestellwege hier Gestellgräben vorhanden sind, die für Kähne fahrbar sind. Vielfach wird der Bodenwuchs der ziemlich lichten Bestände gemäht, besonders die vorhandenen ausgedehnten Bestände von *Carex acuta*, welche Art hier als „Schnittgras" bezeichnet wird (Potonié II, S. 258). Sehr charakteristisch sind deshalb die hohen Holzstege, die an den Gestellkreuzungen die Gräben überbrücken (vgl. Taf. 11 Abb. 44). Sie sind so hoch gebaut, damit die vollbeladenen Heukähne darunter hindurchfahren können. Neben den Gestellen sind die Erlenbrücher auch meistens begehbar, weil die ausgehobene Erde hier zu einem fast stets mit *Urtica dioica* bewachsenen schmalen Damm aufgeschüttet ist. Die Vegetation dieser Erlenbrücher hat Potonié (II, S. 257—262) ausführlich beschrieben. Eine Ergänzung hierzu enthält der Bericht über eine Fahrt des Preußischen Botanischen Vereins in das Nemonier Revier[1]), in dem auch die Vegetation der alten verlandenden Flußläufe kurz behandelt wird.

Nach dem Haff zu folgt überall ein mehr oder minder breiter Wiesenstreifen, nördlich des Nemonien-Stromes ¼—1 km breit, zwischen Nemonien und Juwendt wesentlich breiter. Wohl von den Fischerdörfern aus ist dieser Kampfstreifen zwischen Erlenbruch und baumfreier Verlandungsvegetation frühzeitig gerodet worden. Möglicherweise waren aber infolge der Eiswirkungen auch natürliche Wiesen vorhanden. Nahe am Ufer wird dann der Boden gewöhnlich etwas höher und fester. Man kann hier ungehindert am Ufer entlang wandern, während die Wiesen landeinwärts schlecht oder garnicht betretbar sind.

[1]) Schriften d. Physik.-Ökonom. Gesellschaft Königsberg, Bd. 47, 1906, S. 263.

Die im Folgenden beschriebenen Uferzonen sind für das Haffufer nördlich Juwendt charakteristisch, der klassischen Stelle, von der schon Potonié (I, S. 47) und Kaunh'owen (S. 299 ff.) die ersten Beschreibungen lieferten. Sie gelten wahrscheinlich für den größten Teil des Haffufers, soweit es den Wellen offen ausgesetzt ist. Nur in stillen Buchten finden sich die später von der Nemonienmündung zu beschreibenden ausgedehnteren Rohr- und Nymphaeiden-Bestände. Nördlich Juwendt, etwas südlich von Punkt 0,4 des Meß- tischblattes, stellten wir folgende Zonen fest:

Auf die Wiese folgt nach dem Haff zu

1) ein etwa 50 m breiter Streifen mit lockerer ephemerer Vegetation auf offenbar vom Hochwasser stärker bewegtem Gelände:

     Alisma plantago 3—4
     Juncus bufonius 3—4
     Veronica anagallis 3
     Ranunculus sceleratus 3
     Polygonum persicaria 1
     Butomus umbellatus 1—;

2) ein von voriger Zone schlecht abgegrenzter, etwa 10 m breiter Streifen auf eben- falls noch festem, gut betretbarem Boden mit

     Bidens cernuus 3
     Alisma plantago 2—3
     Veronica anagallis 2
     Juncus bufonius 1—2
     Glyceria aquatica 1—2
     Phragmites communis 1—2
     Ranunculus sceleratus 1—2
     Lythrum salicaria 1
     Sagittaria sagittifolia 1;

2a) mit diesem Bestande abwechselnd dichte *Phragmites*-Bestände mit eingesprengten Weiden;

3) nach einem deutlichen Steilabbruch des Faulschlamms von $1/4$ m Höhe ein nicht mehr betretbarer, etwa 5 m breiter Streifen von

     Bidens cernuus 5;

4) im Wasser sehr lockere, dürftige *Scirpus lacustris*-Bestände, etwas *Nuphar luteum* und nackte Faulschlamm-Bänke.

Am Ufer vor der Ortschaft Juwendt ist der Uferabbruch höher, die Wiese reicht bis unmittelbar an denselben heran. Dann folgt ein schmaler Schilf- oder *Bidens*-Streifen und darauf der hier sehr breite, bei Niedrigwasser trockene, jedoch unbetretbare Faul- schlamm-Streifen (vgl. Taf. 8 Abb. 30), über den zu der Anlegestelle der Boote ein Steg ge- baut werden mußte.

Ausgedehntere Verlandungsbestände trafen wir an der Mündung des Nemonien- Stromes, zu der wir uns mit einem Fischerboot hinausrudern ließen. Die vom Fluß ins Haff hinausgeführten Sinkstoffe verursachen hier einen langsameren Uferabfall und stärkeren Landzuwachs. Südlich der Nemonien-Mündung betrug der Zuwachs in der Zeit zwischen der Aufnahme des alten (1861) und des neuen Meßtischblatts (1911) an einer Stelle über 600 m (vgl. Taf. 12). Der Bau der 1 km langen Mole, die die Mündung im Norden flankiert, hat die Ausbreitung der Verlandungsbestände weiter begünstigt. Südlich der Mole beginnen sie jenseits des offenen Fahrwassers zunächst mit weiten, von Nymphaeiden-Lichtungen unterbrochenen Rohrbeständen:

Scirpus lacustris	} (über-	Nuphar luteum (viel)
Typha angustifolia	} wiegend)	Nymphaea alba (weniger)
Butomus umbellatus		Limnanthemum nymphaeoides
Cicuta virosa		Lemna trisulca
Sagittaria sagittifolia		Ceratophyllum demersum
Sparganium ramosum		Elodea canadensis
Stratiotes aloides		Potamogeton lucens
		Potamogeton graminifolius
		Potamogeton perforatus.

Nach dem Haff zu löst sich das Röhricht in immer kleiner werdende Einzelbestände auf. Die Zwischenräume werden von weiten *Nuphar-Nymphaea*-Beständen eingenommen.

Die Steinblöcke der Mole tragen eine interessante Moosvegetation, die viele Züge mit der Buhnenvegetation[1]) im Unterelbe-Gebiet gemeinsam hat und in dem alluvialen Schwemmland natürlich völlig fremdartig anmutet[2]). Hier wurden festgestellt:

> Hygroamblystegium fluviatile (massenhaft)
> Leptodictyum riparium
> Hygrophypnum palustre
> Schistidium apocarpum var. rivulare Warnst. (extrem breitblättrige,
>   *Cinclidotus*-ähnliche Form)
> Fontinalis laxa.

Von den Hochmooren der Memel-Niederung haben wir nur das Große Moosbruch und das Nemoniener Hochmoor besucht. Beide haben unter den Memel-Mooren ihre Vegetation wohl noch am besten bewahrt. Sie zeigen gleichzeitig auch die interessantesten Verhältnisse. Für beide Moore liegen im Gegensatz zu den lithauischen Hochmooren eine Reihe von Vorarbeiten vor, in geologischer Beziehung in den Aufnahmen von Klautzsch und Kaunhowen, in vegetationskundlicher Hinsicht besonders in den Untersuchungen Wangerins. Wir konnten leider auf unserer Reise den ostpreußischen Mooren nur kurze Zeit widmen, möchten aber die Gelegenheit benutzen, das bisher vorliegende Material mit unseren eigenen Beobachtungen zu einer geschlossenen Darstellung zusammenzufassen. Der Vergleich mit den lithauischen Hochmooren und den neueren schwedischen Moorarbeiten ergab außerdem vielfach neue Gesichtspunkte. Verschiedene Fragen mußten auch hier noch offengelassen werden. Wir haben aber auf dieselben hingewiesen, um spätere

---

[1]) Vgl. R. Timm, Die Moosbesiedelung unserer Steindeiche (Verhandlungen Naturwiss. Verein Hamburg, 3. Folge, Bd. 24, 1916, S. 1 ff.).

[2]) Gelegentlich finden sich jedoch auf dem Strandwall größere Steinblöcke, die durch das Eis dahingelangt sein müssen (vgl. Kaunhowen, S. 292).

464

Besucher des Gebietes darauf aufmerksam zu machen. Die Kultur schreitet immer weiter
vor. Wie lange wird es dauern, bis wie beim Augstumal-Moor auch auf diesen beiden
Mooren die interessantesten Hochmooreinzelheiten nur noch aus alten Karten und Beschreibungen verglichen werden können?

VII. Das Grosse Moosbruch.

Unter dem Namen „Großes Moosbruch" werden in der Literatur drei verschiedene
Dinge verstanden. Im weitesten Sinne ist es das ausgedehnte Moorgebiet, das sich vom
Haff bei Juwendt und Alt-Heidendorf in östlicher, später nordöstlicher Richtung bis zur
Schnecke erstreckt. Nur auf dieses Gesamtgebiet bezieht sich die Größenangabe von
15 000 ha. Dieses Moorgebiet wird jedoch durch zwei aus dem diluvialen Hinterlande
kommende Flüsse, den Timber-Strom und den Laukuen-Strom, in drei Moorkomplexe ge-
teilt, von denen der westliche zwischen Haff und Timber gelegene am besten als Nemoniener Hochmoor abgetrennt wird. Es wird im nächsten Abschnitt ausführlich behandelt.
Der mittlere, größte, zwischen Timber und Laukne gelegene Abschnitt, ist das „Große
Moosbruch" im engeren (hier angewandten) Sinne. Für den nördlichen zwischen Laukne
und Schnecke gelegenen Teil, zur Forst Schnecken gehörig, paßt am besten die Bezeichnung
Schnecken-Moor. Diesen letzten Abschnitt haben wir nicht besucht und werden auf ihn
nicht weiter eingehen[1]).

Das „Große Moosbruch" in der so begrenzten Fassung (vgl. Karte 1) gehört zum größten
Teil zur Forst Mehlaucken, zum kleineren zur Forst Nemonien (Meßtischblatt 112 Laukuen,
113 Osseningken, 148 Szargillen, 149 Gr. Skaisgirren, der wichtigste Teil auf 112 enthalten). Im Westen wird dieses zusammenhängende Gebiet eindeutig von dem Timber-
Strom, im Norden vom Laukuen-Strom, im Osten von der Parve begrenzt. Im Süden
bildet ein vom Jagen 140 in Westnordwest-Ostsüdost-Richtung streichender Diluvialrücken
die Grenze. Das randliche Flachmoor zieht sich an Timber und Parve weit flußaufwärts.
Verlängert man die diluviale Grenze im Westen bis zur Einmündung des Dankschel-
Grabens, im Osten bis zur Parve beim Forsthaus Plicken, so bedeckt der Gesamtkomplex
mit Ausnahme der hervortauchenden Diluvialinseln 8100 ha[2]).

Dieser Komplex enthält nach der geologischen Aufnahme von Klautzsch vier getrennte Hochmoor-Komplexe. Der bei weitem größere nördliche (3690 ha) ist das „Große
(kahle) Moosbruch" im engsten Sinne[3]), den kleineren südlichen (480 ha) möchten wir mit
Wangerin als das „Kleine (kahle) Moosbruch" bezeichnen. Während diese beiden Hochmoorkomplexe auch auf dem Meßtischblatt als Hochmoor deutlich zu erkennen sind, sind

---

[1]) Diese Teilung des Gesamtgebietes ist einerseits geographisch berechtigt, da die kräftigen Flüsse
sicher bis zum mineralischen Untergrund durchschneiden. Andrerseits ist sie aus praktischen Gründen
nötig, um die Standortsangaben scharf zu fassen. Die Bezeichnung „Nemoniener Hochmoor" hat Kaunhowen bereits für den westlichen Abschnitt eingeführt.

[2]) Wie die folgenden Zahlen durch Ausplanimetrierung der Karte 1 gewonnen.

[3]) Auf den baumfreien, größeren Hochmoorteil beschränkt das Meßtischblatt die Bezeichnung
„Großes Moosbruch". Der südliche Hochmoorkomplex führt dort den Namen „Kahles Moosbruch". Die
letztere, offenbar allgemeine Bezeichnung trägt auf dem Meßtischblatt aber auch das Schnecken-Moor.
Die ortsüblichen Namen sind ja meistens wegen ihrer allgemeinen Natur wenig brauchbar.

die beiden anderen bewaldet und erst bei der geologischen Aufnahme ausgeschieden worden. Ihre Hochmoornatur ist übrigens strittig. Alle vier Komplexe werden durch Flach- und Zwischenmoorbildungen zu einem hydrographisch und infolgedessen auch genetisch zusammenhängenden Gesamtkomplex, eben dem „Großen Moosbruch" in dem oben begrenzten Sinne, verbunden[1]).

Zwei langgestreckte diluviale Rücken, die dem südlichen Grenzrücken parallel laufen, durchsetzen das gesamte Moorgebiet. Der nördliche bildet die langgestreckte, schmale, bis zu 11 m ansteigende Diluvialinsel von Lauknen. In seiner südwestlichen Fortsetzung kommt das Diluvium noch einmal in Form einer flachen kleinen Insel beim Forsthaus Kupstienen zum Vorschein. Der mittlere Höhenzug taucht nur mit seinem nordwestlichen Ende in der Diluvialinsel von Mauschern und im Südosten in Form zweier breiter Diluvialinseln hervor, an die sich ängstlich der Laukner Damm hält, der ehemals auch für Mauschern die einzige Straßenverbindung mit dem Festlande darstellte. Auf der größeren dieser Inseln liegt im Jagen 59 das Forsthaus Escherwald. Die [Nordwestspitze dieser Insel zeigt prächtig die Überwachsung durch das transgredierende Moor. Drei kleine mit Hochwald bestandene Inseln ragen als letzter Rest dieser untersinkenden Spitze aus den umgebenden Moorwäldern empor. Die nordwestlichste im Jagen 130 nahe dem Gestell e führt bezeichnenderweise lithauisch den Namen „Vängteshuk" = „kehr um", d. h. „hier ist das Land zu Ende" (s. Klautzsch, S. 238)[2]). Sie ist mit ihrem weithin sichtbaren Hochwald eines der wichtigsten Zurechtfindungsmerkmale auf dem südlichen Teil des „Großen Kahlen Moosbruches".

Der mittlere Diluvialrücken setzt sich auch unter dem Moor fort, wie die von Klautzsch wiedergegebene Höhenschichtenkarte des mineralischen Untergrundes zeigt. Er ist für die Morphologie des „Großen Kahlen Moosbruches" von Bedeutung. Der größere Teil dieses Hochmoorkomplexes liegt nordöstlich dieser Höhenschwelle, zwischen derselben und der Insel von Lauknen. Mit zwei Lappen ist das Hochmoor jedoch nach Südwesten hinübergequollen, d. h. wahrscheinlich sind ursprünglich getrennt entstandene Hochmoorkomplexe beim Emporwachsen des Moores miteinander in Verbindung getreten. Die unterirdische, Mauschern und Vängteshuk verbindende Höhenschwelle erreicht nach Klautzsch (S. 236) mehrere über Null hinausgehende Erhebungen, deren nährstoffreiche Wässer sich einen Weg zum Moorrand suchten (vgl. Osvalds Karte des Komosse) und auf diese Weise Veranlassung zur Bildung der größten und schönsten Rülle des Großen Moosbruches, der Bindo-Szoge, gaben (Jagen 192/207 bis 197/212). Sie ist leider durch die Anlage der Kolonie Elchtal völlig zerstört. Eine zweite sehr nasse rüllenartige Entwässerungsrinne geht von Vängteshuk durch die Jagen 152—154, 135—137 ebenfalls in der Richtung zum Timber-Kanal. Sie kann aber richtigerweise nicht als „Rülle" bezeichnet werden (wie z. B. bei Wangerin II, S. 42 ff.). Es ist der Südlagg des „Großen Kahlen Moosbruchs", und zwar dessen westlicher Teil. Die sehr schlecht ausgebildete Wasserscheide liegt bei Vängteshuk. Der östliche Teil dieses Süd-

---

[1]) Es dürfte sich erübrigen, für dieses Gesamtgebiet, das z. B. auch der geologischen Bearbeitung durch Klautzsch zugrunde liegt und das wegen seiner Zusammensetzung aus den verschiedensten Moorformen keinen volkstümlichen Namen besitzt, einen neuen Namen zu suchen. Um Verwechslungen zu vermeiden, kann man im Bedarfsfalle „Großes Moosbruch", „Großes Kahles Moosbruch" und „Kleines Kahles Moosbruch" unterscheiden.

[2]) Nach freundl. Mitteilung von Dr. V. Vilkaitis zusammengesetzt aus „vängti" = „(der Gefahr) ausweichen" und „suk!" = „kehr um!".

laggs (Jagen 130, 111, 91b, 74) ist ebenso gut ausgebildet. Beide Teile haben noch ihre ursprüngliche Vegetation bewahrt. Daß auch an der Insel von Lauknen ein ausgeprägter Lagg vorhanden ist, erwähnt schon Weber (S. 130). Er ist hier jedoch zum größten Teil in Wiesen verwandelt worden. Seine Wasserscheide liegt nahe der Gestellkreuzung N/g. Noch stärker zerstört ist der Lagg an der Insel von Mauschern, wo die Kolonie Langendorf ungefähr die Stelle des nördlichen Laggs einnimmt.

Außer der Bindo-Szoge sind noch eine ganze Anzahl kleinerer und kürzerer Rüllen vorhanden, besonders am Südrand. Die Bindo-Szoge selbst besaß nach Klautzsch einen rechten aus der Richtung von Mauschern kommenden Seitenarm und in ihrem unteren Teil einen kurzen Zufluß von links im Jagen 197. Eine kurze rüllenartige Einbuchtung liegt an der Nordecke des Jagen 140, eine deutlichere etwas längere an der Grenze der Jagen 157/158. Mehrere kurze Rüllen münden in die große Vernässungsfläche des Südlaggs in den Jagen 152—154 ein. Eine längere deutlich ausgeprägte Rülle durchsetzt von Jagen 128 her den Jagen 129. Zwei kurze Rüllen liegen dicht nebeneinander im Jagen 108.

Der höchste über 6 m hinausragende Teil des „Großen Kahlen Moosbruches" liegt in den Jagen 169, 188, 203 und dem nördlich angrenzenden Gebiet der Forst Nemonien. Die 5 m - Horizontale umschließt den größten Teil des Hochmoorgebietes zwischen den beiden Höhenrücken, greift aber auch auf die zwischen Mauschern und der Bindo-Szoge liegende Hochmoorhalbinsel über. Auch die Mitte der südlich von Elchtal gelegenen Hochmoorhalbinsel ist, besonders in den Jagen 175 und 176, über 5 m hoch. Es ist vielleicht kein Zufall, daß in der Senke, die diese Erhebung von dem höheren Nordostteil trennt, früher (nach dem alten Meßtischblatt vom Jahre 1861) ein großes Teichgebiet, die „Burbolinen", lag, etwa an der Stelle der Jagen 173/174. Diese Teiche zeichnet noch Klautzsch in seine Karte ein; sie waren aber nach Weber 1902 schon größtenteils zugewachsen und wurden von Wangerin 1916 (III, S. 80 Fußnote) nicht mehr gefunden. Das ehemalige Lagg-Gebiet der jetzt überwachsenen Höhenschwelle scheint sich hier noch lange in der Morphologie der Hochmoorfläche bemerkbar gemacht zu haben. Wenn man auch auf die Angaben alter Karten kein allzugroßes Gewicht legen darf, so ist doch weiter bemerkenswert, daß die Bindo-Szoge auf dem Meßtischblatt von 1861 im Jagen 152 entspringt und von hier mitten durch das Teichgebiet über dem unterirdischen Rücken etwa zum Jagen 207 geht, wo sie in die Südwest-Richtung umbiegt. Es scheinen hier ganz ähnliche Verhältnisse geherrscht zu haben, wie sie noch jetzt in der „Mittelsenke" des Hochmoores von Kamanai vorhanden sind, wo auch wahrscheinlich zwei Hochmoorgebiete vor nicht allzulanger Zeit miteinander verschmolzen sind (vgl. S. 439).

Ein Teichkomplex anderer Art liegt auf der Hochfläche der nordwestlichen Hochmoorhalbinsel nördlich von Mauschern. Das Meßtischblatt zeigt hier etwa 130 grössere und kleinere Teiche, deren größter Teil eine dicht gedrängte Gruppe bildet. Die größeren Teiche sind zum Teil reich verzweigt und erreichen Durchmesser von über 100 m. Es ist dies wohl der schönste Teichkomplex Mitteleuropas und es ist sehr bedauerlich, daß er gerade in dem am stärksten bedrohten Hochmoorteil liegt. In seiner Lage auf dem mittelsten Teil einer fast nach allen Seiten ziemlich steil abfallenden Hochmoorhalbinsel entspricht dieser Teichkomplex ganz dem von Osvald beschriebenen schönen Teichkomplex von Timmerhultsmossen.

Das Randgehänge ist steil in dem Winkel zwischen Timber und Laukne, wo verhältnismäßig hohes Hochmoor unmittelbar an die von schmalem Flachmoor begleiteten

Flußläufe stößt. Der Übergang ist hier so plötzlich, daß sich ein Zwischenmoorstreifen überhaupt nicht ausscheiden läßt. Hier dürfte auch (nach den Erfahrungen auf anderen Mooren) der Gehängerandwald ursprünglich sehr gut, wohl als Hochwald, ausgeprägt gewesen sein. Sein trockener Boden reizte schon früh zur Ansiedelung, und jetzt ist der ganze Nordrand und ebenso der Westrand aufwärts bis Elchtal mit Moorkolonien besetzt, deren Kartoffeläcker ein beträchtliches Stück auf das Hochmoor hinaufreichen. Vom Randwald zeigt selbst die Karte von 1861 hier keine Spur mehr. Auch gegenüber der Laukner Insel ist das Randgehänge noch verhältnismäßig steil. Am Südrand, im Transgressionsgebiet, streicht der Hochmoorhang dagegen flacher aus. Hier ist überall ein breiter, aber meist niedriger und lichter Gehängewald vorhanden. Am Rande der Südwest-Halbinsel gibt ihn das Meßtischblatt von 1914 sogar als Hochwald wieder, der ostwärts bis zum Jagen 156 reicht, während das alte Meßtischblatt von 1861 am Rande von Mauschern bis Vängteshuk einen sehr breiten, am Rande von Vängteshuk bis Kupstienen einen schmaleren Gehängewald erkennen läßt. Nach Klautzsch (S. 243) war der Gehängewald zur Zeit der geologischen Aufnahme am Südrand der Insel von Mauschern und um die Bindo-Szoge herum am besten ausgebildet.

Das „Kleine Kahle Moosbruch" liegt eng eingekeilt zwischen dem mittleren und südlichen Diluvialrücken. Es reicht von den Jagen 22/23 bis zum Jagen 78. Sehr schön ausgeprägt ist sein südwestlicher Lagg, der Dankschel-Graben. Dieser kommt bereits aus den Flachmoorbeständen des Jagen 15 und fließt von hier am Diluvialrand entlang zum Timber-Kanal. Er stellt gewissermaßen den Südwest-Lagg des Gesamtkomplexes dar und wird gleichzeitig mit dem transgredierenden Moor über den flachen, südlichen Diluvialrücken hinweggeschoben. In seinen Unterlauf mündet von rechts der oben bezeichnete rüllenartige südliche Randlagg des „Großen Kahlen Moosbruches" ein. Auch die Zwischenmoorteile der Jagen 79, 80, 95—98, 115—119 entwässern nach dem Dankschel-Graben hin. Verwickelter sind die Verhältnisse am Nordostrand des „Kleinen Moosbruches". Ein einheitlicher Lagg ist hier nicht vorhanden, weil eine Entwässerungsrinne quer über die Diluvialinsel von Escherwald hinweggeht, eine andere durch die Moorenge an der Gestellkreuzung E/g hindurch zur Parve zieht. Durch die letztgenannte Moorenge geht vor allem auch der Abfluß der einzigen Rülle des „Kleinen Moosbruches", die die Südteile der Jagen 47 und 46 durchzieht. Die Hochfläche des „Kleinen Moosbruches" liegt größtenteils über 5 m. Sie zeigt nicht mehr ihre ursprüngliche Vegetation, weil die Entwässerung zu forstlichen Zwecken bereits eingesetzt hat. Das Randgehänge ist verhältnismäßig flach, der Gehängewald gegen den Dankschel-Graben schmal, sonst breiter.

Ein dritter Hochmoorkomplex (etwa 150 ha groß) liegt nach Klautzsch in den Jagen 114, 115, 132—135, der vierte, kleinste und sehr fragliche völlig für sich im Flachmoor an der Nordecke des Jagen 19. Klautzsch sagt jedoch, daß diese Teile „schon" ganz bewaldet sind, was dem Zusammenhange nach nur als künstliche, forstliche Bewaldung aufgefaßt werden kann. Die natürliche Entwicklung müßte ja gerade umgekehrt gehen. Bei dem dritten Komplex scheint es sich eher um einen embryonalen Hochmoorkomplex zu handeln, der noch ganz von gehängewald-ähnlichen Beständen bedeckt ist und überhaupt noch keine offene Hochfläche ausgebildet hat. Wangerin (III, S. 81) stellt das ganze Gebiet zwischen dem Großen und dem Kleinen Kahlen Moosbruch zum Zwischenmoor. Bemerkenswert ist jedoch, daß Wangerin am Südrand des fraglichen Komplexes eine die Jagen 115—118 durchsetzende „rüllige Vernässungsfläche" feststellte, die aber den Dankschel-

Graben nicht erreicht, sondern „völlig in sich abgeschlossen ist". Sie könnte als unentwickelter Südlagg des dritten Hochmoorkomplexes angesehen werden, der sich also auch morphologisch schon herauszubilden beginnt. Wir haben hier im Südostteil des Gesamtkomplexes ein schönes Beispiel dafür, wie die Hochmoorbildung an verschiedenen Stellen einsetzt.

Die Verteilung der Zwischenmoorgebiete ist im Zusammenhang mit den Hochmoorkomplexen schon größtenteils erwähnt. Außer in den Rüllen und Laggs ist auch dort, wo ein Lagg fehlt, wo das Hochmoor an ursprüngliches Flachmoor grenzt, ein Zwischenmoorstreifen vorhanden, der von dem Transgressionsgebiet gegen die Nordwestecke des „Großen Kahlen Moosbruches" immer schmaler wird. Die ausgedehntesten Zwischenmoorgebiete liegen zwischen dem Großen und dem Kleinen Moosbruch und am Laukner Damm vor der Kupstienener Hochmoorausbuchtung.

Beim Flachmoor ist das größtenteils in Wiesen verwandelte primäre Flachmoor zwischen dem Großen Kahlen Moosbruch und den begrenzenden Flußläufen von dem sekundären Flachmoor im Transgressionsgebiet zu unterscheiden. Ersteres zeigt seine ursprüngliche Beschaffenheit nur noch in dem Erlenbruchgebiet der Jagen 144, 145, 164—166, 182—184. Die transgressive Versumpfung der Diluvialwälder zeigt am besten die schon fast versunkene Nordwestspitze der Insel von Escherwald (in den Jagen 112, 113, 130, 131). Hier entspringt der „Brandgraben", der nach Aufnahme der Rülle der Jagen 128/129 als östlicher Teil des südlichen Randlaggs fungiert. Er wird ebenso wie der Dankschel-Graben auf seinem ganzen Unterlaufe von einem schmalen Flachmoorstreifen begleitet. Erwähnt sei noch, daß im Gebiet bei Vängteshuk die Höhe des Wasserspiegels der Flach- und Zwischenmoorbestände infolge der aufstauenden Wirkung des Hochmoorkomplexes in fast 3 m Höhe liegt, während die primären Flachmoorbestände Höhen zwischen 0,5 und 1 m einnehmen.

Auf dem Großen Kahlen Moosbruch ist die Vegetation der Hochfläche noch auf große Strecken gut erhalten, besonders im südlichen Teil, wo die Jageneinteilung der Karte leicht einen falschen Eindruck machen könnte. Von forstlichen Eingriffen merkt man keine Spur. Selbst die Jagengrenzen fehlen. Nur ab und zu trifft man durch Zufall einen halb versunkenen Jagenstein. Im südwestlichen Teil macht sich allerdings die Kolonie Elchtal weithin bemerkbar.

Das Gebiet um den großen nordwestlichen Teichkomplex ist stark verheidet. In und an den Teichen sind einige meso- bis eutrophe Pflanzen bemerkenswert. In den bis zu 3 m tiefen Teichen wächst reichlich *Nymphaea candida* und *Utricularia minor*, am Rande derselben stattliche Birken, ferner spärlich *Carex rostrata*, reichlicher *Carex Goodenoughii*. Auch *Aulacomnium palustre* ist hier verbreitet und zeigt die eutrophere Beschaffenheit an. Die Heide ist *Sphagnum*-arm, dagegen reich an *Dicranum Bergeri*. Es findet sich viel *Ledum*, wenig *Rubus chamaemorus*, etwas *Eriophorum vaginatum*. Dagegen scheint *Scirpus caespitosus* hier zu fehlen. Tiefere Schlenken beherbergen *Rhynchospora alba*, *Drosera anglica* und *Andromeda*. Das Gewirr dicht nebeneinander liegender, z. T. reich verzweigter Teiche ist dagegen immer noch von einzigartiger Schönheit (vgl. Taf. 9 Abb. 1 und 2).

Einen reinen und ursprünglichen Regenerationskomplex trafen wir bei einer Überquerung der südöstlichen Hochfläche zwischen Lauknen und Vängteshuk. In dieser Richtung führt eine Wagenspur über das Moor, die in ihrer ganzen Länge durch einen schmalen, nassen *Rhynchospora*-Bestand dargestellt wird. Schon 100 m vom Lagg an der Laukner Insel trafen wir die ersten langgestreckten natürlichen *Rhynchospora*-Schlenken, die deutlich parallel zum Gehänge liefen und durch den Weg teilweise angeschnitten wurden. Weiter einwärts wurden die Schlenken häufiger, größer und unregelmäßiger. Es stellten sich auch größere, wassererfüllte Kolke ein. Im Jagen 168 (neuer Jagen 176)[1]) setzt sich der Komplex etwa folgendermaßen zusammen (vgl. Taf. 11 Abb. 1):

Calluna-Heide 2—3   Größere *Scheuchzeria-Carex limosa*-Schlenken 1—2
Kleinere *Rhynchospora*-Schlenken 2—3   Wassererfüllte Kolke 1—.

1. Calluna-Heide:
Pinus silvestris (1 –2 m hoch) 1

————

Calluna vulgaris 3
Empetrum nigrum 1
Ledum palustre 1—
Vaccinium oxycoccus 1
Scirpus caespitosus 3
Eriophorum vaginatum 1
Drosera rotundifolia 1—2

————

Sphagnum fuscum ⎫
Sphagnum rubellum ⎬ 3- 4
Sphagnum medium ⎭
Sphagnum molluscum 1
Sphagnum balticum 1
Dicranum Bergeri 1
Leptoscyphus anomalus ⎫
Cephalozia connivens ⎬ 1—
Lepidozia setacea ⎭
Cladonia rangiferina 2
Cladonia silvatica 2
Cladonia uncialis 1
Cladonia gracilis 1
Cladonia fimbriata 1

Cladonia pyxidata 1
Cornicularia aculeata 1—.

2. Rhynchospora-Schlenken:
Rhynchospora alba 3—4
Drosera anglica 2
Andromeda polifolia 1

————

Sphagnum medium 3
Sphagnum cuspidatum 2.

3. Scheuchzeria-Carex limosa-
     Schlenken:
Scheuchzeria palustris 2
Carex limosa 1—2
Drosera anglica 2
Andromeda polifolia 1—2

————

Sphagnum cuspidatum 3
Sphagnum medium 2.

4. Wassererfüllte Kolke:
Utricularia minor (viel)
Drepanocladus fluitans
Cephalozia fluitans[2])
Batrachospermum vagum
Sphagnum cuspidatum
Sphagnum medium (flutende Form).

————

[1]) Infolge der Ausscheidung der Kolonie Elchtal mit ihrem Meliorationsgebiet aus dem Bereich der Forst Mehlauken sind die auf Karte 1 eingesetzten Jagenzahlen vom Jagen 160 an aufwärts jetzt nicht mehr gültig. Wir haben jedoch im Text und auf unserer Karte die alten Jagen beibehalten, weil sie den älteren Arbeiten, vor allem auch der Geologischen Karte von Klautzsch, zugrunde liegen und ein besseres Zurechtfinden auf dem ausgeschiedenen, jetzt zu Jagen 1 der Forst Nemonien zusammengefaßten Gebiet erlauben. Die jetzt gültige Bezeichnung erhält man aus der folgenden Gegenüberstellung:

Alter Jagen: 160, 161, 162, 164, 165, 166, 167, 168, 169,
Neuer Jagen: —, —, —, 165, 166, 167, 175, 176, 177,
Alter Jagen: 170, 171, 172, 173, 174—181, 182, 183, 184, 185, 186,
Neuer Jagen: 178, 179, 180, 181, —, —, 169, 170, 171, 172, 182,
Alter Jagen: 187, 188, 189, 190, 191, 192—198, 199, 200, 201, 202,
Neuer Jagen: 183, 184, 185, 186, 187, —, —, 173, 174, 188, 189,
Alter Jagen: 203, 204, 205, 206, 207—213.
Neuer Jagen: 190, 191, 192, 193, —, —.

[2]) Schon von Gross (l. c. S. 245) für das „Große Moosbruch" nachgewiesen.

Weiter nach der Hochfläche zu (Jagen 150) schieben sich zwischen die *Rhynchospora*-Schlenken etwas höher gelegene *Scirpus caespitosus*-Bestände ein, die fast die *Calluna*-Bulte ersetzen und ebenfalls verhältnismäßig reich an *Calluna* und Flechten sind. Am Rande solcher Bestände gegen eingesenkte Schlenken fand sich im Jagen 150 ziemlich viel *Carex pauciflora*.

Die Beschreibung, die Wangerin (III, S. 79) von der Vegetation der Hochmoorfläche etwas weiter südöstlich zwischen Vängteshuk und Kupstienen gibt, stimmt mit unseren Aufnahmen fast ganz überein. Auch Wangerin fand *Carex pauciflora* vereinzelt auf der Hochfläche, besonders reichlich im Jagen 128 in einem an ausgedehnten, sehr nassen Schlenken reichen Hochmoorgebiet, aus dem die Rülle Jagen 128/129 ihren Ursprung nimmt. Die Art ist sonst für den an Hochmoor grenzenden Teil von Rüllen- oder Laggschwingrasen kennzeichnend.

Um die Kolonie Elchtal ist nach Wangerin (III, S. 79) die Hochfläche schon stark verheidet. Die *Sphagna* und *Scirpus caespitosus* (letzteres, wenn vorhanden, in der dichtrasigen Form) haben am meisten gelitten. Ebenso war der Hochmoorteil, der von dem neuen Damm Elchtal-Domschin. Gestell t, durchschnitten wird (Gegend der Jagen 160, 179), schon 1914 stark verheidet (Wangerin II, S. 40). Noch stärkere, durch Brandkultur hervorgerufene Veränderungen beschreibt Gross (S. 259). Die Brandflächen tragen ausgedehnte *Polytrichum gracile*-Rasen. Ferner haben sich *Rumex acetosella*, *Epilobium angustifolium* und *Senecio vulgaris* angesiedelt.

Eine randnahe Facies des Hochflächenbestandes beschreibt Wangerin (III, S. 73) von der nach Süden gekehrten Ausbuchtung des Hochmoores im Jagen 111. Auf derselben findet sich, von *Pinus-Ledum*-Gehängewald umgeben, eine ziemlich baumfreie Fläche mit nur zerstreuten Kiefern, aber viel *Calluna* und *Rubus chamaemorus*.

Gross (S. 245) gibt vom Großen Moosbruch (in welchem Sinne?) noch *Sphagnum papillosum* und *Pohlia sphagnicola* an, von denen letztere wahrscheinlich auf der Hochfläche gefunden wurde, für ersteres dagegen ein Vorkommen im Zwischenmoor wahrscheinlicher ist. Am Damm Elchtal-Domschin fand Wangerin (III, S. '80) im Jahre 1916 in einem künstlichen Graben *Utricularia ochroleuca* reichlich blühend.

Den Gehängerandwald fanden wir gegenüber der Insel von Lauknen (Jagen 168) kaum ausgeprägt. In den fast schlenkenfreien *Calluna*-Flächen standen die Krüppelkiefern nur etwas dichter und die Randfacies machte sich vor allem in dem reichlicheren Vorkommen von *Rubus chamaemorus* bemerkbar. Die große Nähe des Dorfes dürfte hier nicht ohne Einfluß geblieben sein.

Einen prachtvollen Gehängewaldstreifen fanden wir dagegen an dem deutlich geneigten Hang gegenüber von Vängteshuk im Jagen 151 (vgl. Taf. 8 Abb. 4 und Taf. 9 Abb. 3). Eine Aufnahme ergab:

Pinus silvestris (2—8 m hoch) 2—3	Andromeda polifolia 1—
———————	Vaccinium oxycoccus 1
Ledum palustre 3—4	Eriophorum vaginatum 2
Empetrum nigrum 1—2	Drosera rotundifolia 1
Calluna vulgaris 1—2	———————
Rubus chamaemorus 1—2	

Sphagnum fuscum 1—2 (Bulte)

Sphagnum rubellum 1—2 (Bulte)

Sphagnum medium 1

Sphagnum mucronatum var. majus 2
     (Fläche)

Dicranum Bergeri 1

Dicranum undulatum 1—

Dicranum montanum 1— (Kiefernfuß)

Pleurozium Schreberi 1—2

Aulacomnium palustre 1

Cladonia rangiferina 1

Cladonia silvatica 1

Parmelia physodes 2 (an Kiefern und
     Zwergsträuchern).

Über die Vegetation des „Kleinen Moosbruches" gibt Wangerin (III, S. 81 ff.) an, daß das Sphagnetum trockener und dichter sei als auf dem Großen Moosbruch. Die gewöhnlichen Hochmoorsphagna (auch *Sph. balticum* und *Sph. molluscum*) sind alle vorhanden. *Scirpus caespitosus* tritt jedoch nur in der dichtrasigen Wuchsform auf. Die Kiefern sind zahlreicher und höher als auf dem „Großen Moosbruch". Die spärlichen Schlenken sind nur seicht und wenig ausgedehnt. Der *Pinus-Ledum*-Randwald ist z. T. verheidet.

Leider können wir uns über die Vegetation der ehemaligen Bindo-Szoge kein auch nur annähernd ausreichendes Bild machen. Selbst ihr Ursprung wird verschieden angegeben. Klautzsch (S. 238) führt an, daß sie im Jagen 206 entspringt und in schmaler Rinne zur Grenze des Meliorationsgebietes (Gestell o?) laufe. Ihr Unterlauf war damals (1903) schon kanalisiert (Preußischer Torfstichkanal). Im Jagen 209 mündete von rechts nach Klautzsch der schon erwähnte, aus dem Forstrevier Nemonien kommende Nebenbach ein, der jetzt noch durch die Höhenlinien des Meßtischblattes angedeutet wird. Weber (S. 118) spricht von kleinen Bächen mehrerer Rüllen, die sich zu einem einzigen starken, auch bei Webers Besuch (1898) schon in seinem Unterlaufe kanalisierten Bache vereinigen. Nach Wangerin lag das Quellgebiet im alten Jagen 190 (neuer Jagen 186).

Nach Weber (S. 119) stimmte die Bindo-Szoge in ihrer Vegetation mit der Schiesgirrener Rülle des Augstumal-Moores überein. Danach wäre also innerhalb des Randwaldgürtels zunächst das „Vaginetum" Webers vorhanden gewesen, in das sich weiter abwärts der Zwischenmoor-Schwingrasen (*Scheuchzeria, Carex limosa, C. chordorrhiza, C. lasiocarpa, Phragmites* und vor allem *Sphagnum recurvum, Carex rostrata* besonders am Bachlauf) einschob (vgl. Weber S. 88). Diese offenen Assoziationen reichten ursprünglich weit in das Gebiet des kanalisierten Unterlaufes hinein. Weber (S. 112 und 118) teilt mit, daß der Sekundärwald, der in die Rülle nach der Trockenlegung des Unterlaufes eindrang, nur die Stellen des Vaginetums und Scheuchzeria-Caricetums besetzte, die durch die Entwässerung genügend ausgetrocknet waren. Weiter unten dürfte dann aber ein natürlicher Zwischenmoorwald die offenen Bestände abgelöst haben, der allmählich in Flachmoor-Erlenbruch überging. Im großen und ganzen dürfen wir uns die Bestände der Bindo-Szoge wohl ähnlich vorstellen, wie sie von der Bugoi-Rülle beschrieben sind (vgl. S. 435), nur noch ausgedehnter und großartiger.

Über die Vegetation des Oberlaufes liegen noch einige spärliche Angaben vor. Potonié gibt eine Photographie des Oberlaufes (I, S. 57; auch bei Groß S. 257 wieder abgedruckt), die einen kräftigen Bach zeigt, eingefaßt von weiten baumfreien Cariceten, in denen spärlich *Phragmites* durchsticht. An anderer Stelle führt Potonié (III, S. 79) eine Anzahl Pflanzen auf, die er im Oberlauf der Rülle und am Bachlauf beobachtete. Bei Wangerins Besuch (1916) war auch die Vegetation des Quellgebietes durch Entwässerungsgräben schon gestört. Seine Pflanzenangaben (III, S. 80) lassen diese Zerstörungen deutlicher erkennen als die ursprüngliche Vegetation.

Gut ist dagegen die Vegetation der kleinen Rüllen am Südrand erhalten, über die wir Wangerin ausführliche Angaben verdanken. Die Rülle, die sich von der Gestellkreuzung q/L an der Jagengrenze 157/158 ein Stück ins Moor hineinzieht, stellt nach Wangerin (III, S. 79) ein „offenes Sphagnetum mit reichlichem Gehälm von *Carex rostrata*" dar. Die Rülle der Jagen 128/129 enthält in ihrem Oberlauf, der sich übrigens nach Wangerin (III, S. 74) in zwei Arme gabelt, ein kahles Sphagnetum *(Sph. amblyphyllum, Sph. mucronatum, Sph. medium, Carex rostrata, Rhynchospora)*, das sich durch seine gelbgrüne Farbe von dem unmittelbar anschließenden braunrot gefärbten Hochmoorsphagnetum gut abhebt. Der Gehängewaldgürtel greift nämlich nicht um den Oberlauf der Rülle herum, sondern erfährt durch dieselbe eine Unterbrechung. Am Rande der Rüllenwiese ist *Carex pauciflora* bemerkenswert. Im Hochmoor schließt sich an die Rülle ein besonders schlenkenreicher Komplex an (vgl. S. 470). Den Unterlauf der Rülle nimmt ein allmählich einsetzender mittelhoher lichter Birkenwald ein mit *Aspidium thelypteris, Equisetum limosum, Scheuchzeria, Eriophorum gracile, Carex chordorrhiza, C. limosa, C. rostrata, Menyanthes, Cicuta virosa* var. *angustifolia* usw. und *Malaxis* (Wangerin II, S. 43; III, S. 74, 75).

Die beiden Rüllen des Jagens 108 tragen offenbar mehr das Gepräge örtlicher Vernässungsstellen des Hochmoorgehänges. Nach Wangerin (III, S. 72) schiebt sich hier anstelle des Kiefern-Zwischenmoorwaldes und auch noch in das Gebiet des Gehängewaldes ein stark vernäßter artenreicher Kiefern-Birken-Mischwald ein, der durch *Aspidium thelypteris, Phragmites, Orchis helodes* und *Menyanthes* gekennzeichnet wird und an bemerkenswerten Pflanzen *Carex chordorrhiza, Coralliorrhiza, Salix repens* und *Betula humilis* enthält. Weniger gut ausgeprägte Vernässungsstellen, die sich nur in dem Auftreten von *Phragmites*-Streifen bemerkbar machen, finden sich nach Wangerin noch mehrfach am benachbarten Hochmoorrand.

Die einzige Rülle des „Kleinen Moosbruches" in den Jagen 45 und 46 enthält nach Wangerin (III, S. 83) einen nur wenig ausgedehnten nassen Birkenbestand mit *Phragmites, Aspidium thelypteris* und *Menyanthes*.

Die Vegetation des Laggs an der Laukner Insel beschreibt schon Weber (S. 130). Danach folgt vom Hochmoor her auf den Gehängewald ein mehr oder minder breites Vagineto-Sphagnetum, das unvermittelt in ein 5—10 m breites Cariceto-Sphagnetum mit *Carex rostrata, Eriophorum angustifolium, Sphagnum recurvum* oder *Sph. cuspidatum* übergeht. Hierbei dürfte es sich bei der großen Nähe der Ortschaft aber nicht um ursprünglich baumfreie Bestände handeln. In dem Lagg gegen Lauknen dürfte auch der Fundort von *Tetraplodon angustatus* liegen, das Gross 1911 als ein für ganz Norddeutschland neues Moos entdeckte[1]. Es handelt sich um eine nordisch-hochmontane Art, die in Finnland verbreitet ist, in Süd-Schweden aber bereits fehlt. Der nächste deutsche Standort ist der Gipfel des Zobten (700 m) in Schlesien. Diese an Kot, Gewölle von Fleischfressern oder an verwesende Tierleichen gebundene Splachnacee ist allerdings kein ausschließlicher Moorbewohner.

Nur am Südrand des Großen Kahlen Moosbruches hat der Lagg seine natürliche Vegetation bewahrt. Allgemein läßt sich feststellen, daß der Lagg größtenteils bewaldet ist. Nur wo es durch einen besonderen Anlaß (Einmündung von Rüllen, Aufstau des Laggs durch

---

[1] Gross (S. 265) gibt an: „Auf dem Großen Moosbruche südöstlich von Lauknen auf sehr nassem Randgehänge an einem auf das Moor führenden Fußwege in einem kleinen Rasen." Gross versteht unter dem „Randgehänge" jedoch in seiner Arbeit den Gehängewald und Lagg. Auf die Gross'schen Fundstücke hat Warnstorf (bei Gross, S. 264) eine neue Art, *Tetraplodon balticus*, gegründet, die aber von *T. angustatus* nicht verschieden sein dürfte.

einengende Diluvialvorsprünge und herandrängendes Hochmoor) zur Bildung von Schwingrasen kommt, lichtet sich der Wald. Der Südlagg zeigte bei Vängteshuk, wo wir den Südrand des Großen Kahlen Moosbruches erreichten, nachstehende Zonenfolge:

Auf den oben beschriebenen Randgehängewald (vgl. S. 470) folgte zunächst ein Übergangsstreifen, der sich durch das erste Auftreten von *Phragmites, Menyanthes* usw. vom Gehängewald unterschied, darauf ein zunächst noch ziemlich trockener Mischwald:

Betula alba (bis 10 m hoch) 1—2	Calla palustris 1
Pinus silvestris (bis 10 m hoch) 1—2	Carex Goodenoughii 1
	Carex limosa 1
Phragmites communis 2—3	Drosera rotundifolia 1
Typha latifolia 1	Vaccinium oxycoccus 4
Menyanthes trifoliata 2--3	
Eriophorum vaginatum 2	Sphagnum mucronatum var. majus 4—5
Carex rostrata 1—2	Sphagnum medium 2 (Bulte)
Scheuchzeria palustris 1—2	Polytrichum strictum 1 (Bulte).

Die unmittelbar am Diluvium gelegene, sehr nasse, etwa 20 m breite Rinne wurde
eingenommen von einem schilfreichen Birkenwald:

Betula alba (bis 20 m hoch) 1—2	Phragmites communis 4—5
Pinus silvestris 1—	Calla palustris 2
Picea excelsa 1—	Carex canescens 2
	Lysimachia thyrsiflora 2.

Darin fanden sich um den Fuß der höheren Bäume herum *Vaccinium*-Bulte:

Vaccinium myrtillus 2

Pleurozium Schreberi 2—3
Sphagnum medium 2—3
Hylocomium splendens 1.

Wahrscheinlich zieht sich der beschriebene Birkenwald auch weiter südostwärts in den
Jagen 130 hinein, wo er vor der langgestreckten Diluvialinsel, die an der Grenze der Jagen
112/130 gelegen ist, mit dem oben (vgl. S. 472) erwähnten Birkenwald im Unterlauf der
von links einmündenden Rülle in Verbindung tritt. Am Südende dieser Diluvialinsel werden
dann dadurch die Verhältnisse verwickelter, daß der im Transgressionsgebiet hinter der Insel
entspringende Brandgraben in den Lagg eintritt. In den Jagen 111, 110 und 91b scheint
nach Wangerin (II, S. 43; III, S. 71—73) nachstehende Zonenfolge der Laggs bezeichnend zu sein: Auf ein schmales Flachmoorband, das den Brandgraben begleitet,
folgt zunächst ein Zwischenmoor-Mischwald. Er setzt schmal an der Gestellkreuzung K/i
ein und zieht sich von hier südostwärts, aber sicher unterbrochen durch die Abflüsse der
Rüllen und rülligen Stellen. Er enthält viel Fichte und hat ziemlich trockenen Boden. Die
Phanerogamenflora ist verhältnismäßig arm. Die Bodenschicht wird in der Hauptsache von
Waldmoosen gebildet, dazwischen spärlich *Sphagnum subbicolor* und *Sph. Girgensohnii*. Bemerkenswert ist hierin in Jagen 111 *Stellaria Frieseana*.

Nach dem Hochmoor zu wird dieser Wald abgelöst durch lichtes, mittelhohes Kiefern-
zwischenmoor, das weiter hochmoorwärts in den Pinus-Ledum-Wald des Randgehänges
übergeht. Der Kiefern-Zwischenmoorstreifen zeigt je nach der Vernässung des Hochmoor-

randes wechselnde Zusammensetzung. Bald überwiegt *Ledum,* bald *Phragmites,* bald *Erio-phorum vaginatum,* an sehr nassen Stellen auch *Carex rostrata* und *Menyanthes.* An nassen Stellen mischen sich Birken bei. Der Boden ist stets mit einer sehr bultigen Sphagnumdecke überzogen. Als bemerkenswerte Pflanze fand Wangerin in diesem Wald auf großen *Sphagnum medium*-Bulten in dichtem Schilfbestand *Carex pauciflora* (Jagen 110 und anschließender Teil des Jagens 111).

Anders verhält sich der westliche Arm des Südlaggs. Der vom Lagg nördlich Vängtes-huk (vgl. S. 473) beschriebene Rüllenwald wird nach Westnordwest immer niedriger. In der Erweiterung des Laggs, die die südlichen Teile der Jagen 152—154 einnimmt, liegt nach W a n g e r i n (II, S. 43; III, S. 78) ein ausgedehntes baumfreies „s c h w i n g m o o r - a r t i g e s S p h a g n e t u m" (hauptsächlich *Sphagnum amblyphyllum* mit spärlicher *Carex limosa, C. chordorrhiza* und *Scheuchzeria),* in dem der Bachlauf als hellgrünes *Carex rostrata*- oder *Menyanthes*-Band ausgebildet ist. Gegen den Nord- und Südrand wird das Sphagnetum bultiger *(Sphagnum medium, Polytrichum strictum* mit *Andromeda, Empetrum* und *Vaccinium oxycoccus* auf den Bulten). Dann folgt am Südrand und wohl auch am Nordrand des Laggs ein niedriger stark bultiger Kiefernbestand, unser „Vorgehängewald", mit *Sphagnum medium, Sph. fuscum* und *rubellum* — *Sph. parvifolium, balticum,* zunächst ohne *Ledum,* stellenweise von Schilf durchsetzt, darauf der Pinus-Ledum-Wald des Randgehänges. Dieses ausgedehnte schwingende Zwischenmoor, landschaftlich nach W a n g e r i n eine der schönsten Stellen am Südrand des „Großen Kahlen Moosbruches", verdankt seine Entstehung offenbar dem Aufstau des Laggs durch den vorgelagerten mittleren Hochmoorkomplex. Zwischen dem letzteren und dem „Großen Kahlen Moosbruch" ist nur eine schmale Abflußrinne frei geblieben. Über die Vegetation dieser Rinne, die die Jagen 155/156 und 134/135 durchzieht, ist anscheinend nichts bekannt.

Der sich wieder erweiternde Unterlauf des Laggs in den Jagen 136—138, der durch die von rechts einmündende Rülle eine neue Vernässung erhält, wird nach W a n g e r i n (II, S. 42, 43; III, S. 78) wieder von einem mäßig hohen Birkenbestand eingenommen *(Betula pubescens* mit viel *Phragmites,* außerdem *Aspidium thelypteris, Scheuchzeria, Carex chordorrhiza, limosa, rostrata, Menyanthes* usw., zwischen den *Sphagnum*-Bulten reichlich *Utricularia intermedia).* In ihm wächst in den Jagen 137/138 reichlich *Betula humilis.* Am Nordrande des Laggs gegen den begleitenden Pinus-Ledum-Wald des Hochmoorhanges fand W a n g e r i n (III, S. 79) in der Nähe des Gestells r reichlich *Carex pauciflora.*

Im Jagen 178 mündet der Lagg in den Dankschel-Graben, der dann noch ein kurzes Stück durch die Jagen 139 und 140 den Südlagg bildet. Hier scheint gegen das Hochmoor die gleiche Zonenfolge wie im Jagen 111 am Brandgraben (vgl. S. 473) ausgebildet zu sein. Nach W a n g e r i n (II, S. 42) folgt nämlich auf das Flachmoor am Dankschel-Graben im Jagen 138 zunächst ein Zwischenmoor-Mischwald mit viel *Picea,* darauf ein Kiefern-Zwischenmoorstreifen mit schon viel *Ledum,* aber noch mit *Carex chordorrhiza* und *C. pauciflora,* und schließlich der Gehängewald.

Der oben (S. 468) erwähnte, in sich geschlossene, „embryonale Südlagg" des mittleren Hochmoorkomplexes (Jagen 115—118) trägt nach W a n g e r i n (III, S. 81) einen ganz ähnlichen, z. T. mit Kiefern untermischten, sehr nassen und bultigen Birkenbestand, wie er im Unterlauf des eben beschriebenen Südlaggs des „Großen Kahlen Moosbruches" ausgebildet ist.

Der gut ausgeprägte Südwestlagg des „Kleinen Kahlen Moosbruches" zeigt die übliche Reihenfolge vom Flachmoor des Dankschel-Grabens über Zwischenmoor-Mischwald und Kiefern-Zwischenmoor zum Gehängewald des Hochmoorkomplexes. Die Zwischenmoorzonen stellen aber nur schmale Streifen dar. Für den Zwischenmoor-Mischwald gibt Wangerin (II, S. 82) je eine Aufnahme aus den Jagen 66 und 80.

Das ausgedehntere Zwischenmoorgebiet vor dem Kupstienener Hochmoorlappen zeigt in großen Zügen die schon vom Oberlauf des Brandgrabens beschriebene Zonenfolge (vgl. S. 473), nur viel stärker in die Breite gezogen. Besonders breit ist der Zwischenmoor-Mischwaldstreifen. Im Jagen 91a ist derselbe nach Wangerin (III, S. 70) ebenso wie in Jagen 91b noch verhältnismäßig artenarm und zeigt die oben (vgl. S. 473) beschriebene Zusammensetzung. In den Jagen 90, 108, 107, 125, von wo der Bestand nach Osten über den Laukner Damm übertritt, wird er nach Wangerin (III, S. 71) dadurch artenreicher, daß (offenbar als Folge der vom Hochmoor herabkommenden Rüllen und rüllenartigen Vernässungsstellen) Flachmoorbestandteile in größerer Zahl sich einfinden. Die Baumschicht wird in buntem Wechsel von Fichte, Kiefer, Birke und Erle gebildet. Bemerkenswert ist hier *Listera cordata*. Nach dem Hochmoor zu folgt Kiefern-Zwischenmoor, dann Pinus-Ledum-Wald. Alle drei Zonen verschmälern sich nach Kupstienen hin stark.

Die Bestände des dritten embryonalen Hochmoorkomplexes (vgl. S. 467) im Gebiet der Jagen 114, 115, 132—135 bezeichnet Wangerin (II, S. 68) als schlechtwüchsige Kiefern-Zwischenmoorwälder[1]), die nach der Angabe der Forstkarte auf altem Moosbruch-(=Hochmoor-) Boden stehen sollen, „also als regressive Bildungen anzusprechen sein würden, ohne daß aber, soweit es sich gegenwärtig erkennen läßt, kulturelle Einflüsse als Ursache für deren Entstehung in Betracht gezogen werden könnten". An anderer Stelle (III, S. 81) beschreibt Wangerin diese Bestände, wobei er aber das auch von Klautzsch als Zwischenmoor bezeichnete Gebiet der Jagen 77—79, 94—98, 113, 116—118 hineinbezieht, als außerordentlich eintönige und artenarme Kiefern-Zwischenmoorwälder mit durchweg herrschendem *Ledum*, die nur stellenweise sich mehr der Beschaffenheit des Zwischenmoor-Mischwaldes nähern. Vor allem gegen den Dankschel-Graben hin treten reichere Zwischenmoor-Mischwälder auf, in denen im Jagen 118 *Coralliorrhiza* und *Pirola uniflora*, im Jagen 119 *Lycopodium selago* und *Godyera repens* bemerkenswert sind.

Über die Vegetation des kleinen Zwischen-(und Hochmoor-?)Gebietes an der Nordecke des Jagen 19, das nur Klautzsch erwähnt und in seine Karte einzeichnet, ist nichts Näheres bekannt.

Die Vegetation des primären Flachmoores im Gebiet der großen Flüsse, die nur noch in dem Erlenbruch östlich von Laukeln erhalten ist, dürfte sich kaum von der Vegetation der Erlenbrücher in der Forst Nemonien (vgl. S. 461) unterscheiden. Näheres ist nicht bekannt. Erlenbestände sind es auch, die den Unterlauf der beiden großen Entwässerungsrinnen des Gesamtgebietes, des Dankschel- und des Brandgrabens, begleiten. Aus dem Erlensumpfmoor am Dankschel-Graben im Jagen 139 gibt Wangerin (II, S. 40) ein Verzeichnis. Im Oberlauf der genannten Bäche mischen sich immer stärker Birken und spärlicher auch

---

[1]) Zwischen Wangerins „Kiefern-Zwischenmoor" und dem "Pinus-Ledum-Wald des Randgehänges" ist offenbar in der Hauptsache nur ein topographischer Unterschied. Der Pinus-Ledum-Wald liegt auf dem Randgehänge, das morphologisch zum Hochmoor gehört, das Kiefernzwischenmoor im Transgressionsgebiet. Der letztere Bestand ist jedoch der artenreichere. An rülligen Stellen verwischen sich die Unterschiede.

Fichten bei. Eine dritte Flachmoorart stellen die versumpfenden Wälder im Transgressionsgebiet dar. Ausführliche Schilderungen gibt Wangerin (III, S. 75—78) aus den Jagen 112, 113, 130, 131, dem Gebiet, das die fortschreitende Versumpfung am schönsten zeigt. Als allgemeines Ergebnis seiner zahlreichen Aufnahmen sei erwähnt, daß das Flachmoorstadium nur einen kurzen Übergang darstellt und bei ungestörter Entwickelung schnell einem Zwischenmoorstadium Platz macht.

Die Diluvialwälder am Südrand des Moores, vor allem auch die der rings von Moor umgebenen Inseln, sind prächtige, forstlich offenbar wenig beeinflußte Hochwälder, meist Fichtenhochwälder, mit artenreichem, recht natürlich anmutendem Unterwuchs. Von bemerkenswerten Arten führt Wangerin an: von der Domschiner Halbinsel im Jagen 52 *Festuca silvatica, Viola mirabilis, Asarum* (III, S. 70), im Jagen 139 *Festuca silvatica, Equisetum silvaticum* (II, S. 40); von der großen Escherwald-Insel im Jagen 75/92 *Ranunculus cassubicus, Asarum, Lunaria, Agrimonia pilosa, Viola mirabilis, Struthiopteris germanica, Allium ursinum, Arctium nemorosum* (III, S. 68), im Jagen 91 b *Lunaria, Ranunculus cassubicus, Allium ursinum, Agrimonia pilosa, Lonicera xylosteum, Arctium nemorosum* (III, S. 69); von der kleinen Diluvialinsel im Jagen 112/130 *Allium ursinum, Actaea spicata, Equisetum pratense, Festuca gigantea, Asarum, Agrimonia pilosa, Viola mirabilis, Arctium nemorosum* (III, S. 73, 74); von der kleinen Diluvialinsel im Jagen 112/113, *Festuca gigantea* (III, S. 76).

Auf der kleinen Diluvialinsel Vängteshuk, im Norden der Jagen 130/131, haben wir eine Aufnahme gemacht, die das von Wangerin (III, S. 77) offenbar am südlichen, versumpfenden Rande derselben aufgenommene Verzeichnis in einigen Punkten ergänzt. Nahe dem Nordrande der Insel, aber auf ziemlich trockenem Boden wuchsen:

Picea excelsa (bis 30 m hoch) 4
Betula alba (bis 20 m hoch) 2

Corylus avellana 1
Sorbus aucuparia 1
Daphne mezereum 1
Rubus sp. 1
Equisetum silvaticum 2
Equisetum pratense 1
Athyrium filix femina 1
Aspidium spinulosum 1
Poa nemoralis 1
Melica nutans 1
Brachypodium silvaticum 1

Luzula pilosa 1
Carex remota 1
Carex elongata 1
Urtica dioica 1
Lactuca muralis 1
Ranunculus repens 1
Galium palustre 1
Majanthemum bifolium 1
Oxalis acetosella 1

Eurhynchium striatum 1—2
Rhytidiadelphus triquetrus 1
Brachythecium salebrosum 1.

VIII. Das Nemoniener Hochmoor.

Das Moorgebiet, in dessen Mitte das Hochmoor von Nemonien liegt, grenzt im Westen ans Haff, im Norden an den Nemonien-Strom und im Osten an den Timber-Strom (Meßtischblatt 111 Nemonien, 112 Lauknen). Im Süden bildet ein ebenfalls von Westnordwest nach Südsüdost streichender flacher Diluvialrücken die Grenze, auf dem die Försterei Schweizut liegt und der nach Westnordwest unter das Moor untertaucht. Das Moorgebiet gehört größtenteils zur Forst Pfeil, ein kleinerer nördlicher Teil zur Forst Nemonien.[1]) Um das Moorgebiet gegen die am Timber-Strom weit hinaufziehenden Flachmoorbestände abzugrenzen, sei der aus Jagen 86 kommende Bersze-Graben als Grenze genommen. Am Haff wurde ehemals das Nemoniener Hochmoor mit dem südwestlichen Agillaer Hochmoor um eine zweite, näher an das Haff herantretende Diluvialhalbinsel herum durch ununterbrochene Flachmoorbestände verbunden, die jedoch jetzt größtenteils in Wiese verwandelt sind. Die Südwestgrenze sei von der Spitze der zuerst genannten Diluvialhalbinsel (von Jagen 196) senkrecht aufs Haff gezogen. In diesem Umfange bedeckt der Moorkomplex 5500 ha. Davon sind 1880 ha Hochmoor. Auch hier sind einige kleinere Diluvialinseln vorhanden, eine langgestreckte schmale Insel, der Schweizut-Hügel, in den Jagen 140 und 165, eine ganz kleine Insel, der „Piltzkenhügel" der alten Karte, an der Ostecke des Jagen 159 und eine größere Insel im Jagen 39 der Forst Nemonien, auf der das Forsthaus Laukwargen liegt. Die alten Strandwälle bei Juwendt, die ehemals sicher eine bemerkenswerte Vegetation trugen, liegen jetzt ganz im Kulturgebiet (vgl. S. 460).

Der Gesamtkomplex enthält zwei durch Zwischenmoor getrennte Hochmoorkomplexe, das größere eigentliche Nemoniener Hochmoor (1480 ha groß) und die kleinere Hochmoorinsel von Sussemilken (400 ha groß) im Südwesten. Das trennende Gebiet steht größtenteils unter Kultur. Deshalb bedarf die auf der Karte dargestellte Auffassung einiger Begründung. Schon der Bach, der im Jagen 135 seinen Ursprung nimmt und dicht an der erwähnten kleinen Diluvialinsel vorbei zwischen den beiden Komplexen hindurch dem Timber-Strom zufließt, spricht für eine ehemalige Trennung. Er hat zusammen mit der Diluvialinsel die Vereinigung der beiden Komplexe verhindert. Nach Wangerin (II, S. 35) wird das Vorhandensein zweier getrennter Hochmoorkomplexe außerdem durch die noch erhaltenen kleinen Vegetationsreste im Trennungsgebiet und vor allem durch den Verlauf des Gehängewaldes am Westrande des Sussemilkener Teiles bewiesen.

Für die Gestalt des eigentlichen Nemoniener Hochmoors sind der Schweizut-Hügel und zwei große rüllenartige Vernässungsflächen, die kleinere am Nordrande in den Jagen 235 und 236, die größere am Südrande in den Jagen 160—162, 185—186 und 210, ausschlaggebend. Sie trennen drei verschieden große Hochflächenteile, von denen der mittlere und der nordöstliche nur durch einen schmalen Korridor miteinander in Verbindung stehen. Ob auf der nordöstlichen Hochmoorhalbinsel bei Franzrode wirklich schon eine offene Hochmoorfläche herausentwickelt war, läßt sich nicht mehr entscheiden. Das ganze Gebiet dieser Halbinsel ist bis zur Grenze der Forsten Nemonien und Pfeil Kulturgebiet der Moorkolonie Franzrode. Das alte Meßtischblatt von 1860, auf dem Franzrode noch nicht vorhanden ist, läßt uns hier im Stich, während auf dem benachbarten Blatt der alten Auflage der Gehängewald des Großen Moosbruches ganz gut wiedergegeben ist. Über die Gründe, welche zur Entstehung der beiden eigenartigen Vernässungsflächen führten, wissen wir nichts. Eine Höhenschichtenkarte des mineralischen Untergrundes gibt es offenbar nicht.

Ein Lagg ist nur am Südwestrande des Nemoniener Komplexes vorhanden, der einzigen Stelle, wo das Hochmoor auf größere Strecken hin auf Diluvium stößt. Die Übereinstimmung mit dem entsprechenden Lagg des Großen Moosbruches ist geradezu schlagend.

---

[1]) Wenn bei den Jagenangaben kein Forstrevier genannt ist, so ist stets Forst Pfeil gemeint.

478

Ebenso wie dort wird der Lagg in westnordwestlicher Richtung von einem Bach durch-
flossen, der im Transgressionsgebiet des Moores entspringt. Wie dort entwässert das Transgressionsgebiet nach verschiedenen Richtungen. Nach Südosten entsendet es außerdem den
schon erwähnten Bersze-Graben, nach Nordosten den ebenfalls schon erwähnten Bach, der
die beiden Hochmoorgebiete trennt. Auch an dem weit ins Hochmoor vorspringenden Schweizut-
Hügel ist ein beiderseitiger Lagg vorhanden, der sich an der Spitze als kurze Rülle ins
Moor vorschiebt und am anderen Ende sich in den Flachmoorbeständen am Oberlauf des
Südwestlaggs verliert. Dem Nordrande des Moores, wo dieses an ausgedehnte ursprüngliche
Flachmoorbestände grenzt, fehlt ein einheitlicher Lagg. Dafür ist dieser Moorrand besonders
reich an Rüllen und rüllenartigen kleineren Vernässungsstreifen, die aber bald im Zwischen-
und Flachmoor verschwinden.

Die Feststellung der wichtigsten Rüllen verdanken wir Kaunhowen (S. 306 und
Karte S. 286). Wenn wir von der Hochmoorhalbinsel bei Franzrode dem Moorrande folgen,
treffen wir die ersten beiden Rüllen westlich der Einschnürungsstelle des Hochmoorkomplexes.
Eine kürzere nördliche kommt östlich des Jagen 32 (Forst Nemonien) vom Hochmoor
herunter, liegt jedoch mit ihrem Oberlauf im Kulturgebiet. Die größere südliche entspringt
im gänzlich kultivierten Jagen 27 (Forst Nemonien), ist dort aber noch jetzt als Wiese
gut ausgeprägt. Ihr Unterlauf im Jagen 32 (Forst Nemonien), mit dem sich der Unterlauf der kleineren nördlichen Rülle vereinigt, ist als Graben ausgebaut. Auch hier ist die
Vegetation durch die Kultureinflüsse stark beeinflußt.

Im Jagen 29 (Forst Nemonien) vereinigen sich nach Kaunhowen in einer breiten
Vernässungsfläche vier kurze Rüllen, von denen zwei aus dem Jagen 28a (Forst Nemonien),
zwei aus dem Jagen 233 herabkommen (vgl. jedoch S. 483).

Aus dem Jagen 234 kommt nach Wangerin (II, S. 33) eine gut ausgeprägte baumfreie Rülle herunter, die im Jagen 30 (Forst Nemonien) ausklingt und Kaunhowen anscheinend entgangen ist.

Dann folgt die kleinere „nördliche Vernässungsfläche", eine in ihrem Unterlauf stark
verbreiterte Rülle.

Im Jagen 247 liegt nach Kaunhowen an der Grenze des Kulturgebietes eine kleine
Rülle, die ihr Mündungsgebiet stark vernässt.

Am Südrande haben wir zunächst eine kleine kurze Rülle, die an der Nordgrenze des
Jagen 194 beginnt und offenbar in spitzem Winkel in den Lagg einmündet. Die Verhältnisse im Unterlauf dieser Rülle sind nicht ganz klar. Kaunhowen (S. 307) gibt an, daß
sich daran eine „sehr lange 100 bis über 200 m breite Vernässungszone" anschließe. „Das
dahinterliegende Hochmoor und der vorliegende Geschiebemergelrücken haben dieser Vernässungszone südöstliche Richtung aufgezwungen, sodaß sie sich nun als breites Band unterhalb des Zwischenmoores durch die Jagen 194, 193, 168, 169, 170, 143, 144, 142 erstreckt."
Hiermit kann nur der in umgekehrter Richtung entwässernde Südwestlagg gemeint sein.
Wangerin (I, S. 175) spricht von einer ziemlich langgestreckten, aber nur schmalen Vernässungsfläche, die an der Nordgrenze von Jagen 194 als kurze Rülle beginnt, gegen das
Hochmoor von dem *Pinus-Ledum*-Wald des Randgehänges begrenzt wird und nach außen
an den Zwischenmoor-Mischwald anschließt.

Dann folgt die kurze Rülle an der Spitze des Schweizut-Hügels und schließlich die
große südliche Vernässungsfläche, in die ihrerseits mindestens zwei Initialrüllen einmünden,

eine kürzere in den Jagen 211 und 210, eine längere in den Jagen 209 und 210 und vielleicht eine dritte kurze im Jagen 185. Kaunhowen (S. 308) läßt eine Seitenrülle der großen Vernässungsfläche durch die Jagen 184, 183, 159 zum Moorrand laufen.[1]) Wangerin (II, S. 38) spricht dagegen noch von einer selbständigen, etwa 30 m breiten, ziemlich genau rechteckigen Rülle, die vom Gestell L in den Jagen 183 hineinreicht. Vielleicht nähern sich die auf dem Meßtischblatt angedeutete linke kurze Seitenrülle im Jagen 185 und die von Wangerin angegebene selbständige Rülle des Jagen 183 in ihrem Oberlaufe so sehr, daß Kaunhowen eine quer über das Hochmoor verlaufende Rülle vor sich zu haben glaubte. Jedenfalls bestehen auch hier noch Unklarheiten.

Schließlich führt Kaunhowen vom Ostrande eine breite, etwa ¹/₂ km lange Rülle an, die im südlichen Teil des Dorfes Franzrode vom Hochmoor herunterkommt.

Dagegen beruht die Kaunhowensche Angabe zweier auffallend langer schmaler Rüllen auf der südwestlichen Hochfläche sicher auf einem Irrtum. Die eine soll durch die Jagen 240, 241, 249 gehen und in ihrem Unterlauf zu dem schiffbaren „Jordan"-Graben ausgebaut sein, der gegenüber Juwendt in den Großen Friedrichs-Graben mündet, die andere die Jagen 217, 193, 192, 191, 190 und 166 durchsetzen und in den Westlagg des Schweizut-Hügels münden. Beide nähern sich in ihrem „Oberlaufe" so sehr, daß die Verlängerung der einen bald die andere trifft. Wir folgten der ersteren „Rülle" vom Moorrande bei Juwendt her, wo sie tatsächlich im Jagen 247 (nahe der Grenze zum Jagen 248) und im benachbarten Jagen 241 als etwa 10 m breiter, durchweg von einer *Scheuchzeria-Carex limosa*-Assoziation eingenommener, sehr nasser Streifen in dem höheren *Pinus*-reichen Hochmoorbestand ausgezeichnet erkennbar ist. Aber auch noch beim Jagenstein N/p (Punkt 4,1 des Meßtischblatts) ist die „Rülle" ebenso deutlich. Von hier läuft die angebliche Rülle ein Stück auf der Grenze der Jagen 217 und 218, biegt dann in den Jagen 218 hinüber, wo sie sich plötzlich gabelt. Der breitere Arm läuft schräg durch den Jagen 218 den deutlich geneigten Hochmoorhang wieder hinab und mündet genau in das Boywitt-Gestell (q) ein. Der schmalere Arm biegt bald in den Jagen 217 über, läuft parallel den Höhenkurven durch die Jagen 217, 193 und als die oben bezeichnete „zweite Rülle" weiter durch die Jagen 192, 191, 190, 166 zum Schweizut-Hügel, wo er schräg in das Gestell l einmündet. An der Gabelungsstelle wurde uns Kaunhowens Irrtum endgültig klar. Es handelt sich offenbar um einen alten Weg, der dadurch, daß man die zerfahrene Rinne mied, sich immer mehr verbreiterte und so über das Stadium der *Rhynchospora alba*-Assoziation, in dem sich der beschriebene Weg über das Große Moosbruch (vgl. S. 469) befand, teilweise sogar in das noch nassere Stadium der *Scheuchzeria-Carex limosa*-Assoziation gelangt ist.[2])

Auch der Sussemilkener Hochmoorkomplex besitzt nach Wangerin (II, S. 37) vielleicht eine kleine Rülle, die vom Jagen 109 herunterkommt. Wenigstens ist hier der *Pinus-Ledum-*

---

[1]) Das Verhalten dieser Rülle wäre sehr sonderbar. Daß Kaunhowen den Begriff „Rülle" z. T. abweichend auffaßt, beweist die Stelle seiner Abreit, wo er von 3 Rüllen spricht, die die Vernässungsfläche entsendet. Es sind dies Abflüsse der großen Vernässungsfläche, nicht Zuflüsse, wie die oben bezeichneten Initialrüllen. Eine davon ist die merkwürdige Rülle, die quer über den südöstlichen Hochmoorabschnitt verlaufen soll. Die beiden anderen sind die Ausläufer, die die große Vernässungsfläche in die vorliegenden Zwischenmoorbestände entsendet, einen in den Jagen 161, 160, 159 gelegenen und einen zweiten westlicheren, der im Jagen 162 endet.

[2]) Wir haben in gewissem Sinne hier ein Gegenstück zu den zu Erosionsschluchten erweiterten Wegen, die sich in den Buntsandstein-Gebieten Mitteldeutschlands (z. B. in Oberhessen), noch besser in den Löß-

480

Wald reichlich von Schilf durchsetzt, das auch auf den benachbarten Kulturflächen noch durchsticht.

Beide Hochmoorteile zeigen ausgeprägte Aufwölbung. Der größere erreicht auf der nordöstlichen Hochfläche 4,7 m, im „Korridor" 4,8 m, auf dem mittleren Abschnitt 5,2 und auf dem südwestlichen Abschnitt 4,4 m. Der Sussemilkener Teil wölbt sich bis zu 4,3 m auf. Die ursprünglichen Flachmoorbestände im Norden liegen durchweg bei 1 m, die Flach- und Zwischenmoorbestände im Transgressionsgebiet reichen nur wenig über 2 m hinaus. Das Randgehänge ist im allgemeinen flach. Am steilsten ist es am Ostrande beider Komplexe, wo das Hochmoor nahe an den Timber-Strom herantritt und das verhältnismäßig trockene Gelände des Gehängewaldes von den neuen Kolonien Franzrode und Wilhelmsrode und der wenigstens z. T. älteren Niederlassung Sussemilken eingenommen wird. Hier ist natürlich auch von dem Gehängewald, der hier sicher besonders gut ausgebildet war, nichts mehr vorhanden. Ebenso ist an dem flacheren Westrand des eigentlichen Nemoniener Hochmoores der Gehängewald zum größten Teil durch die Felder der Kolonie Neu-Heidendorf verdrängt worden. Ein ausgezeichneter breiter, hoher und dichter Gehängewald umgibt die beiden großen Vernässungsflächen. Er ist so gut ausgeprägt, daß hier ausnahmsweise sogar auf dem Meßtischblatt der Gehängewald als Hochwald von der offenen Hochfläche mit ihren zerstreuten Krüppelkiefern (diese durch ein kleineres Nadelbaumzeichen wiedergegeben) getrennt worden ist. Im allgemeinen läßt sich auf dem Meßtischblatt der Gehängewald sonst nur an der dichteren Stellung der Krüppelkiefern erkennen. Auffallend ist die Lücke im Gehängewald, durch die im Jagen 209 eine der Initialrüllen der großen südlichen Vernässungsfläche mit der Hochfläche in Verbindung tritt. Um den Schweizut-Hügel ist der Gehängewald offensichtlich teilweise geschlagen. Meßtischblatt und Landschaft zeigen nur noch zwei größere Reste. Nach Kaunhowen (S. 302) ist der Gehängewald im allgemeinen 250 m breit, seine Breite geht selten unter 150 m herab.

Ausgedehntere Zwischenmoorgebiete finden sich nur im Transgressionsgebiet. Gerade sie haben dem von Alt-Sussemilken her zwischen den beiden Hochmoorkomplexen vorgreifenden Kulturgebiet größtenteils weichen müssen. Auch die große südliche Vernässungsfläche ist infolge der großen Nähe des Kulturgebiets stark bedroht und schon in den südlichen Teilen der Jagen 185 und 186 nicht mehr ganz natürlich.

Auf dem eigentlichen Nemoniener Hochmoor ist die Vegetation der Hochfläche bis auf die westlichen und östlichen Randgebiete gut erhalten. Es herrscht offenbar ein schlenkenreicher Regenerationskomplex vor. Besonders reich an offenen, halb und ganz verwachsenen Schlenken ist der südwestliche Teil der Hochfläche. Kaunhowen (S. 308) spricht von „ein paar Tausend kleiner und kleinster Tümpel". Die größten sollen, etwa 12 an der Zahl, in zwei Gruppen vereinigt im Jagen 193 liegen, also auffallenderweise gerade im Randgebiet. Sie sind nach Kaunhowen 50 m lang und etwa 30—40 m breit. Während Potonié sie wegen ihrer langgestreckten Form auf Risse im Moor zurückführt, ist nach Kaunhowen ihre Richtung nicht einheitlich.

Im Jagen 240 zeigte die Vegetation der Hochfläche folgende Zusammensetzung:

gebieten am Rande der Oberrheinischen Tiefebene finden. Eine nachträgliche Verbreiterung zu einer wirklichen Rülle findet hier jedoch sicher nicht statt. Bei allen von uns gesehenen Rüllen spielt die Erosion überhaupt keine Rolle. Die Einsenkung der Rülle ist rein eine Folge der Wachstumshemmung der Hochmoorsphagna durch das nahrstoffreichere Wasser.

Pinus silvestris (bis 2 m hoch,
5 m Abstand) 2

Calluna vulgaris 1—2 (wenig Bulte)
Ledum palustre 1—2
Rubus chamaemorus 2—3
Empetrum nigrum 2
Andromeda polifolia 2
Eriophorum vaginatum 3
Drosera rotundifolia 2

Vaccinium oxycoccus 2—3

Sphagnum rubellum 2
Sphagnum fuscum 2 (Bulte)
Sphagnum medium 2
Sphagnum balticum 2
Dicranum Bergeri 1
Aulacomnium palustre 1
Leptoscyphus anomalus 1
Cladonia silvatica 1
Cladonia rangiferina 1.

Der verhältnismäßig dichte Stand der Kiefern und das reichliche Vorkommen von *Rubus chamaemorus* sind bezeichnend für eine randnahe Hochflächenfacies. Doch sind offene und *Scheuchzeria*-Schlenken reichlich vorhanden.

Die Sekundärvegetation des alten Weges bestand im Jagen 241 aus einem 10 m breiten Streifen einer *Scheuchzeria-Carex limosa*-Assoziation, die derjenigen verlandeter Schlenken völlig gleich ist (vgl. Taf. 9 Abb. 4):

Scheuchzeria palustris 3
Carex limosa 2
*Rhynchospora alba 1
*Drosera anglica 1
Drosera rotundifolia 1

*Andromeda polifolia 1
Vaccinium oxycoccus 1—2
Eriophorum vaginatum 1—2

Sphagnum mucronatum var. majus 5.

Die mit * bezeichneten Arten treten besonders gegen den Rand auf. Dort ist beiderseits ein schmaler Streifen einer *Andromeda*-Assoziation vorhanden:

Andromeda polifolia 2—3
Eriophorum vaginatum 2
Rhynchospora alba 1—2
Drosera anglica 2
Drosera rotundifolia 1

Sphagnum rubellum 2
Sphagnum balticum 2
Aulacomnium palustre 2.

Kaum 200 m vom Moorrand bei Neu-Heidendorf trafen wir rechts an dem alten Wege die ersten Rudel von *Chamaedaphne calyculata*. Im Jagen 240 liegt links des Weges (nach Osten zu, während der Weg nach Südosten abbiegt) eine breite baumfreie Fläche, die auf Jagen 239 übergreift. Die Nordostecke dieser Fläche, ungefähr an der Grenze der beiden Jagen, wird von einem großen zerlappten Teich eingenommen, an dem an eutrophen Pflanzen *Carex rostrata* und *Carex Goodenoughii* wächst. Außerdem erheben sich an seinem Rande aus der niedrigen Fläche mehrere ausgedehnte *Chamaedaphne*-Rudel, die von weitem wie kleine Weidengebüsche aussehen und folgende Zusammensetzung zeigen:

Chamaedaphne calyculata 4
Calluna vulgaris 2
Ledum palustre 1—2
Rubus chamaemorus 1—2
Empetrum nigrum 1

Vaccinium oxycoccus 2—3
Eriophorum vaginatum 1
Drosera rotundifolia 2

Sphagnum rubellum 2	Leptoscyphus anomlaus 1—
Sphagnum fuscum 2	Calypogeia sphagnicola 1—
Sphagnum medium 1—2	Cephalozia connivens 1—.
Sphagnum angustifolium 1	

Chamaedaphne ist also, wie schon Kaunhowen und Wangerin bemerken, durchaus nicht auf das Zwischenmoor beschränkt, wo sie allerdings ihre Hauptverbreitung haben soll. Kaunhowen gibt sie von der Hochfläche noch aus den Jagen 214 und 215 an. Sie scheint auf der Hochfläche die Nähe großer, in Verlandung begriffener Schlenken und Kolke vorzuziehen, was auch mit ihrem Verhalten auf dem Hochmoor Kamanai in Lithauen in Einklang steht (vgl. S. 438). Nordöstlich des Schweizut-Hügels, bezw. des Gestells l, scheint sie auf der Hochfläche zu fehlen.

Der südwestliche Teil der Hochfläche beherbergt außerdem als bemerkenswerte Pflanze die atlantische, schon von v. Klinggraeff jun. 1864 entdeckte *Drosera intermedia*. Wangerin (I, S. 177) gelang es 1913, sie an einer Stelle südwestlich des Schweizut-Hügels in einer sehr nassen Schlenke im Sphagnum-Schwingrasen am Rande des offenen Wassers, dort aber zahlreich, wiederzufinden. 1914 wurde sie von Wangerin (II, S. 34) noch in einigen weiteren nassen Schlenken, aber nur in unmittelbarer Nähe des ersten Standortes gefunden.

Ferner erwähnt Wangerin (I, S. 177), daß *Carex limosa* in den Schlenken des Nemoniener Hochmoores auffallend selten sei. Außerdem ist, was auch uns auffiel, *Scirpus caespitosus* weniger häufig als auf den anderen Hochmooren. Die Hochfläche besitzt, besonders im südwestlichen Teil, ein ungemein bultiges und stark wechselndes Gepräge. Besonders groß ist der Unterschied gegenüber dem Hochflächentypus der Zehlau und Didžioji Pline bei Tauroggen mit ihren flachen ausgeglichenen Scirpeten, in denen die *Calluna*-Bulte kaum hervortreten.

Auch der mittlere Teil der Hochfläche besitzt, soweit wir ihn auf dem Gestell L querten, diese stark bultige Beschaffenheit. Abweichend scheint die Vegetation des östlichen Abschnittes zu sein, die vielleicht infolge der Nähe der Kolonien keine ursprüngliche mehr ist. Kaunhowen (S. 309) spricht hier von einer „großen Vernässungsfläche" im kahlen Sphagnetum in den Jagen 182, 183, 206, 207, 208, auf der Kiefern ganz fehlen, nur *Eriophorum*-Bulte, *Calluna* und üppiges *Sphagnum* den Boden bedecken, der „vor Nässe trieft, sodaß man mit jedem Schritte tief einsinkt." Um eine rüllenartige Vernässungsfläche kann es sich dabei natürlich nicht handeln.

Aus dem Gehängewald besitzen wir eine Aufnahme aus dem kleinen, aber prächtig ausgeprägten Waldrest nördlich des Schweizut-Hügels, Jagen 189 (vgl. Taf. 10 Abb. 2). Die Vegetation des Gehängewaldes war folgende:

Pinus silvestris (6 m hoch, 2 m Abstand) 4	Vaccinium oxycoccus 2
	Eriophorum vaginatum 2
Ledum palustre 3	Sphagnum rubellum 5
Empetrum nigrum 1	Sphagnum medium 1
Calluna vulgaris 1	Polytrichum strictum 1.
Rubus chamaemorus 2	
Andromeda polifolia 1	

Die Vegetation der nördlichen Rülle im Jagen 28 (Forst Nemonien) beschreibt Wangerin (I, S. 174) als ein „sehr nasses, schwingmoor-artiges Sphagnetum, in welchem niedrige Birken nur ganz vereinzelt auftreten und das an einer Stelle direkt in die Hochfläche übergeht, im übrigen gegen diese durch einen schmalen Streifen *Pinus-Ledum*-Bestand abgegrenzt ist." An bemerkenswerten Pflanzen führt Wangerin von hier an: *Drosera anglica, Cicuta virosa* var. *angustifolia, Sparganium minimum* (im natürlichen Sphagnetum!), *Carex dioica, C. chordorrhiza, C. limosa, C. pauciflora* und *Malaxis paludosa.* Nach außen hin geht die Fläche in lichtes sumpfiges Birken-Zwischenmoor mit *Menyanthes, Carex lasiocarpa* und *C. panniculata* über. Darauf folgt Zwischenmoor-Mischwald.

Im südlichen Teile des Jagen 28 (Forst Nemonien) liegt nach Wangerin (II, S. 33) eine ausgedehntere rüllige Schilfzone im Bereich des *Pinus-Ledum*-Waldes, ohne daß dieselbe aber eine ausgesprochene Lichtung bedingt. „Anscheinend sind hier zwei durch einen schmalen Zwischenraum voneinander getrennte Rüllen vorhanden", die sich im Jagen 29 im Kiefern-Zwischenmoor verlieren. Aus dem Verzeichnis, das Wangerin von dieser Stelle gibt, sind außer bestandbildendem *Phragmites* noch *Equisetum limosum* subsp. *fluviatile, Carex chordorrhiza, C. lasiocarpa, C. pauciflora, Calla, Coralliorrhiza* und *Scheuchzeria* bemerkenswert.

Im Jagen 233, in dem nach Kaunhowen zwei kurze Rüllen entspringen sollen, spricht Wangerin (II, S. 33) nur von „einem rülligen, ziemlich kurzen Schilfstreifen, der sich unter dem *Pinus-Ledum*-Wald hinzieht und sich auch in Jagen 29 (Forst Nemonien) hinübererstreckt." Auch hier kommt *Carex pauciflora* vor. Der Jagen 29 zeigt infolge der Einmündung der vielen Rüllen ein buntes Assoziationsgemisch.

Die von Kaunhowen nicht angegebene Rülle im Jagen 234 stellt nach Wangerin (II, S. 33) eine 400—500 m lange, im Höchstmaß 30—35 m breite, offene Fläche im *Pinus-Ledum*-Wald dar, die nur vereinzelte niedrige Birken trägt, während Schilf hier fehlt und erst in den Ausläufern der Rülle im Jagen 30 (Forst Nemonien) auftritt. Auf der Fläche sind *Aspidium thelypteris, A. cristatum, Scheuchzeria, Carex chordorrhiza, C. dioica, C. limosa, C. rostrata, Cicuta virosa* var. *angustifolia, Calamagrostis neglecta* und *Menyanthes* bezeichnende Bestandteile.

Die kleinere „nördliche Vernässungsfläche" der Jagen 235 und 236, die auf den Jagen 31 (Forst Nemonien) übergreift, ist die pflanzenreichste des ganzen Hochmoorkomplexes. Nach Wangerin (I, S. 175; II, S. 31) setzt sie als schmalere, beiderseits von *Pinus-Ledum*-Wald eingefaßte Rülle an der Südgrenze des Jagen 235 ein. Dieser obere Teil ist noch völlig von Schilf frei. Gegen die Grenze der beiden Forsten verbreitert sich die Rülle stark. In den Randstreifen wird *Betula pubescens* bestandbildend, von reichlichem *Phragmites* durchsetzt. Auf der Fläche treten dagegen nur ganz vereinzelte niedrige Birken auf. Der Boden ist sehr nass mit offenem Wasser zwischen den Bulten. In der Moosvegetation ist *Paludella* bemerkenswert, von höheren Pflanzen *Calamagrostis lanceolata, Phragmites, Eriophorum gracile, Carex lasiocarpa, C. rostrata, C. panniculata, C. dioica, C. chordorrhiza, C. limosa, Aspidium thelypteris, Scheuchzeria, Calla, Orchis helodes, Orchis Traunsteineri* (samt Bastard mit vorigem), *Epipactis palustris, Listera ovata, Malaxis paludosa, Menyanthes, Lysimachia thyrsiflora.* Auf dem Schwingmoor des offensten Teiles kommen noch *Liparis Loeselii, Stellaria crassifolia* und *Saxifraga hirculus* hinzu. *Salix lapponum,* die Kaunhowen und Potonié von dieser Vernässungsfläche angeben, konnte Wangerin nicht bestätigen. An der Grenze gegen Jagen 31 (Forst Nemonien) wird *Phragmites* reichlicher, gleichzeitig wird das Gesträuch (*Betula pubescens, Salix aurita, S. pentandra, S. repens*) dichter. Im Jagen 31 selbst macht sich die Rülle im Zwischenmoorgebiet noch durch einen *Phragmites*-reichen, fast reinen Birkenwald bemerkbar, für den Wangerin (II, S. 32) ebenfalls ein Artenverzeichnis gibt.

Ein von Gross (nach Wangerin I, S. 173) entdeckter weiterer Standort von *Saxifraga hirculus* auf den Wiesen zwischen der Kolonie Heidendorf und den kultivierten Zwischenmoorgebieten gehört vielleicht einer ehemaligen Rülle des in seiner Vegetation zerstörten Nordwestrandes des Hochmoores an.

Die Vernässungsfläche im Jagen 194, über deren Abflußverhältnisse man sich nach der Literatur kein klares Bild machen kann (vgl. S. 478), trägt nach Wangerin (I, S. 175) einen lichten sehr nassen Bestand von *Betula pubescens*, der „am trockenen Rande gegen den Wald hin" höher wird, aber nach dem Hochmoor zu, wo der Bestand an den *Pinus-Ledum*-Wald grenzt, offene Stellen mit *Phragmites* und *Typha latifolia* enthält. Außer den Birken findet sich Gesträuch von *Salix pentandra*, *S. aurita* und *S. repens*. An bemerkenswerten weiteren Pflanzen führt Wangerin als bestandbildend *Carex lasiocarpa* und *C. rostrata* an, ferner *C. chordorrhiza*, *C. dioica*, *C. limosa*, *Scheuchzeria*, *Menyanthes*, *Calla*, *Comarum*, *Aspidium thelypteris*, *Eriophorum gracile*, *Calamagrostis lanceolata*, *Orchis Traunsteineri*, *Epipactis palustris*, *Liparis*, *Cicuta virosa* var. *angustifolia*, *Hottonia*, *Pirola rotundifolia*. In der Bodenschicht überwiegen Sphagna.

Die große „südliche Vernässungsfläche" beginnt nach Wangerin (II, S. 38, 39) im Jagen 209 mit einem recht nassen schwingmoor-artigen Cariceto-Scheuchzerietum, das nach oben allmählich in die Vegetation der Hochfläche übergeht. In dem Bestand sind *Carex rostrata*, *C. chordorrhiza*, *C. limosa*, *C. diandra*, *Scheuchzeria*, *Comarum*, *Menyanthes*, *Malaxis paludosa* und *Sparganium minimum* bemerkenswert. Die andere Initialrülle in den Jagen 211 und 210 trägt schon eine reichere Vegetation von *Aspidium thelypteris*, *Carex dioica*, *C. diandra*, *C. limosa*, *C. rostrata*, *C. paradoxa*, *Scheuchzeria*, *Calamagrostis lanceolata* und *neglecta*, *Orchis Traunsteineri*, *Liparis*, *Cicuta virosa* var. *angustifolia* und noch spärlichem *Phragmites*. Weiter abwärts setzt nach unseren eigenen Beobachtungen gegen die Ränder niedriger lichter Schilf-Birkenwald ein, der besonders am Westrand bald größere Breite erreicht. In den südlichen Teilen des Jagen 186, besonders gegen dessen Westrand am Gestell h, macht der Bestand keinen natürlichen Eindruck mehr. Hier sind die Bäume teilweise wohl vor längerer Zeit geschlagen und später wieder nachgewachsen. Es macht sich außerdem die Entwässerung der südlich anschließenden, kultivierten Jagen 162 und 161 bemerkbar. Im nördlichen Teil des Jagen 186 stellten wir in einem niedrigen, sehr lichten Schilf-Birkenwald gegen den Westrand fest:

Betula pubescens (2 m hoch, 5 m Abstand) 2
Pinus silvestris 1—

Phragmites communis 4	Comarum palustre 1
Calamagrostis neglecta 3	Triglochin palustris 1
Typha angustifolia 1	Galium uliginosum 1
[Cirsium palustre 1—2]	Epilobium palustre 1
Carex rostrata 2	Orchis maculata 1
Carex dioica 1—2	Epipactis palustris 1
Carex lasiocarpa 1	Aspidium thelypteris 2—3
Eriophorum latifolium 1	Aspidium cristatum 1
[Luzula campestris 1—2]	Equisetum limosum 1
Menyanthes trifoliata 1	Pirola rotundifolia 1

Melampyrum pratense 1	Polytrichum strictum 1
Drosera rotundifolia 1	[Polytrichum gracile 1]
Vaccinium oxycoccus 1	Aulacomnium palustre 1.

Die eingeklammerten Pflanzen deuten den Entwässerungseinfluß an. Der Bestand greift auch noch auf den Südteil des Jagen 210 über. Bei der Überquerung der Vernässungsfläche, wenig nördlich des Gestells M, trafen wir in weidenreichen ähnlichen Beständen die ersten Rudel von *Betula humilis*, deren reiches Vorkommen der großen südlichen Vernässungsfläche ihr floristisches Gepräge verleiht. Auf diese Gegend dürfte Wangerins Aufnahme des „Phragmitetums" (II, S. 38) passen, dessen Verzeichnis sich von unserem in der Hauptsache durch das Vorkommen von *Betula humilis* (zerstreut), *Scheuchzeria*, *Carex chordorrhiza*, *C. limosa*, *C. paradoxa*, *Calamagrostis lanceolata*, *Cicuta virosa* var. *angustifolia*, *Salix aurita*, *S. pentandra*, *S. repens* und *Paludella* unterscheidet. Östlich anschließend folgt ein Streifen mit fast reinen *Betula humilis*-Beständen und sehr wenig *Betula pubescens* (vgl. Wangerins „Betuletum humilis"). Damit befinden wir uns am Westrande der ziemlich breiten, baumfreien tiefsten Rinne, die nicht die Mitte der Senke einhält, sondern gegen den Ostrand verschoben ist. Ein unentwirrbares Durcheinander von schwingenden *Menyanthes-*, *Comarum-*, *Carex lasiocarpa-*, *Calla-* und *Typha*-Beständen, dazwischen noch ausgedehnte *Betula humilis*-Bestände besetzen diesen am schwersten überschreitbaren Teil der Vernässungsfläche. Am Ostrande folgt ein nur schmaler Streifen Schilf-Birkenwald und dann der *Pinus-Ledum*-Wald des Randgehänges, der an vielen Stellen ebenfalls von Schilf durchsetzt ist. *Salix lapponum*, die Kaunhowen auch von dieser Vernässungsfläche angibt, konnte Wangerin ebenfalls nicht bestätigen.

Die Zonenfolge des Laggs am Südwestrande beschreibt Wangerin (I, S. 170—172) ausführlich. An dem Graben zieht sich ein ziemlich schmaler Streifen Flachmoor entlang, gebildet von Erlenstandmoor, bezw. der Zwischenform zwischen diesem und dem Erlensumpfmoor. Den Unterwuchs beherrschen in trockeneren Teilen *Urtica dioica* (besonders im Jagen 219), *Juncus effusus*, *Deschampsia caespitosa* und *Calamagrostis lanceolata* (besonders im Jagen 195). In feuchteren Teilen ist der Unterwuchs reichhaltiger. Aus dem Verzeichnis, das Wangerin aus dem Jagen 220 gibt, seien *Orchis maculata*, *Stellaria Friescana* und *Thalictrum flavum* genannt. Nach dem Hochmoor zu folgt ein ebenfalls ziemlich schmaler Streifen Zwischenmoor-Mischwald aus *Alnus glutinosa*, *Betula pubescens*, *Picea* und *Pinus*. Im Unterwuchs sind Flachmoor- und Zwischenmoorarten bunt gemischt. Besonders bezeichnend sind *Carex stellulata*, *Orchis maculata* (meist fo. *helodes*), *Lycopodium annotinum*, *Pirola rotundifolia*. · Ferner sind *Aspidium thelypteris*, *Festuca gigantea*, *Stellaria Frieseana*, *Circaea alpina* und *Luzula pilosa* bemerkenswert. Der Zwischenmoor-Mischwald geht allmählich in Kiefern-Zwischenmoor über, in dem vor allem ausgedehnte *Sphagnum*-Bulte bezeichnend sind. Der Unterwuchs enthält außer den oft genannten Pflanzen des *Pinus-Ledum*-Waldes (auch *Vaccinium uliginosum* ist hier vorhanden, *Rubus chamaemorus* stellenweise sogar sehr zahlreich) noch viele für den Wald bezeichnende Formen. Als am weitesten gegen das Hochmoor vordringende Arten führt Wangerin *Melampyrum pratense*, *Stellaria Frieseana*, *Lactuca muralis*, *Circaea alpina*, *Geranium Robertianum*, *Luzula pilosa* und *Oxalis acetosella* an. Wenn diese ganz verschwunden sind, setzt mit dem Niedrigerwerden der Kiefer und dem immer massigeren Auftreten von *Ledum* der Gehängewald ein.

Der beiderseitige Randlagg des Schweizut-Hügels soll nach Wangerin (I, S. 176) ein ähnliches Gepräge tragen wie die rüllige Vernässungsfläche im Jagen 194 (vgl. S. 484), nur weniger naß und deshalb weniger typisch entwickelt. Der Westlagg war nähe der Ostspitze, wo wir ihn querten, ziemlich trocken und trug folgende Vegetation:

Pinus silvestris (bis 4 m hoch,
    10 m Abstand) 2
[Picea excelsa (stellenweise eingepflanzt)]

Phragmites communis 1
Eriophorum vaginatum 4
Vaccinium oxycoccus 3
Andromeda polifolia 1

Sphagnum recurvum 5.

Ähnliche Zusammensetzung zeigte die kurze, ins Moor vorgeschobene Rülle. Es ist dies die bezeichnende artenarme Vegetation schmaler, schlecht ausgeprägter Laggteile im Wasserscheidengebiet des Hochmoorrandes (vgl. S. 419). Die stärker vernässten Teile, die Wangerin im Auge hat, müssen weiter südsüdöstlich liegen.

Am Nordostrand des Nemoniener Hochmoorkomplexes läßt sich im Jagen 247 (Forst Pfeil) und in den Jagen 28—31 (Forst Nemonien) sehr schön der Übergang des Hochmoores in die primären Flachmoorbestände nördlich des Moores untersuchen. Der Übergang ist hier nicht zu schroff wie vor den flußnahen Steilabhängen, andererseits aber auch nicht zu sehr in die Breite gezogen; der Abstand zwischen Hochfläche und primärem Flachmoor beträgt kaum 1 km. Infolgedessen sind hier die verschiedenen Zonen geradezu ideal ausgebildet, nur mehrfach gestört und verwickelt durch die vielen vorhandenen Rüllen und rüllenartigen Vernässungsstreifen. Das Große Moosbruch besitzt keine gleich günstige Stelle und auch auf dem Augstumal-Moor waren zu Webers Zeiten die Übergangsgebiete schon weitgehend zerstört.

Die regelrechte Zonenfolge ist nach Potonié (Bd. I, S. 51 ff.; Bd. II, S. 259, 290, 301) und Kaunhowen (S. 300), denen sich auch Gross (S. 237) anschließt, folgende:

Pinus-Ledum-Wald   (Birkenflachmoor)
Kiefern-Zwischenmoor   (Birken-Erlenflachmoor)
Zwischenmoor-Mischwald   (Erlenstandmoor)
Birken-Zwischenmoor   Erlensumpfmoor.

Potonié hat diesen Übergang, bei dem die eingeklammerten Bestände nur gelegentlich auftreten, auf 2 Farbentafeln (Bd. III, Taf. 2 und 3) anschaulich dargestellt und auch die ausführlichsten Pflanzenverzeichnisse gegeben (für das Flachmoor: Bd. II, S. 259—262; für das Birken-Zwischenmoor: S. 290—298; für den Zwischenmoor-Mischwald und das Kiefern-Zwischenmoor: S. 301—303).

Fraglich ist zunächst die Abgrenzung des Kiefern-Zwischenmoores vom *Pinus-Ledum*-Wald. Sie gehen ohne scharfe Grenze ineinander über (vgl. S. 475). Potonié führt aus dem Kiefern-Zwischenmoor außer den typischen Pflanzen des *Pinus-Ledum*-Waldes noch *Lycopodium annotinum, Aspidium spinulosum, Carex canescens, Orchis maculata helodes, Stellaria Frieseana, Trientalis europaea* usw. an. Nach Potonié ist auch *Chamaedaphne calyculata* für das Kiefern-Zwischenmoor besonders bezeichnend. Nach Wangerin kommt sie dagegen sowohl im Kiefern-Zwischenmoor (Jagen 28, 30, 31), wie im Zwischenmoor-Mischwald (Jagen 28, 31), wie auch im Birken-Zwischenmoor (Jagen 247) vor. Im Jagen 247 gehört sie nach Wangerin (I, S. 173) sogar zu den Pflanzen, die am weitesten ins Birken-flachmoor vordringen. Andererseits geht sie im Jagen 247 auch in den *Pinus-Ledum*-Wald. Einer rülligen Stelle im *Pinus-Ledum*-Wald (oder Kiefern-Zwischenmoor?) dürfte auch die Stelle angehören, an der wir bei der Durchquerung des nördlichen Zwischenmoorgebietes *Chamaedaphne* antrafen. Wir stellten dort im Jagen 29 nahe am Gestell i fest:

Pinus silvestris (15 m hoch) 3—4	Empetrum nigrum 1
———————	Rubus chamaemorus 1—2 (steril)
Ledum palustre 3—4	Vaccinium oxycoccus 2—3 (auf den
Phragmites communis 2	*Sphagnum*-Bulten)
Vaccinium myrtillus 1—2	
Vaccinium vitis idaea 1—2	Sphagnum medium 3 (große Bulte).
Chamaedaphne calyculata 1	

Chamaedaphne gehört demnach zu den bezeichnendsten Pflanzen des ganzen Zwischen-moorgürtels am Nordrande des Nemonier Hochmoores[1]). Wie hartnäckig sie an ihren Stand-orten aushält, beweist eine Angabe Potoniés[2]), nach der sie sich im Bereiche des kultivierten Zwischenmoorgebietes gelegentlich sogar auf den Kartoffeläckern der Moorkolonisten hält.

Die nächste Zone, der Zwischenmoor-Mischwald, ist nach Kaunhowen nur schmal, meist unter 100 m breit. Er beherbergt nach Potonié außer den Pflanzen des Kiefern-Zwischenmoores eine ganze Reihe Waldpflanzen wie *Athyrium filix femina, Majanthemum, Paris, Pirola rotundifolia, Ramischia, Lactuca muralis, Moehringia trinerva, Frangula alnus.* Außerdem treten hier Flachmoorarten bereits in größerer Zahl auf. Besonders im Jagen 28 ist das gesamte Übergangsgebiet nach Potonié und Wangerin stark zusammengedrängt und es fehlt hier ein ausgeprägter Zwischenmoor-Mischwaldgürtel.

Die Birkenzone ist nach Kaunhowen 100 bis (seltener) 150 m breit und geht nicht selten auf 50 m zurück. Kaunhowen stellt die Birkenzone ganz zum Flachmoor, weil er kein *Sphagnum* darin fand. Nach Potonié tritt aber *Sphagnum* bereits spärlich auf. Letz-terer rechnet deshalb die Birkenzone (und sogar den Birken-Erlen-Übergangsstreifen) zum Zwischenmoor. Nach Wangerin kann beides seine Berechtigung haben. Wangerin (I, S. 173) beschreibt nämlich aus dem Jagen 247 ein Birkenstandmoor, das nach seiner Unterflora (*Urtica dioica* 4—5, *Cirsium palustre, Iris pseudacorus*) zum Flachmoor zu rechnen ist. An dieses schließt sich nach Wangerin im gleichen Jagen hochmoorwärts ein Birken-Zwischenmoorwald, in dem die Zwischenmoorbeschaffenheit durch *Sphagnum medium, Sph. cuspidatum, Eriophorum vaginatum, Ledum, Vaccinium uliginosum, Andromeda, Calluna* und *Rubus chamaemorus* genügend gekennzeichnet ist. Dieser letztere Bestand ist aber wohl eine Ausnahme. Im allgemeinen scheinen nach Potonié in der Birkenzone die bezeichnendsten Pflan-zen des *Pinus-Ledum*-Waldes bereits zu fehlen oder wenigstens ihre äußerste Grenze zu erreichen. Außer den beim Kiefern-Zwischenmoor und Zwischenmoor-Mischwald genannten Pflanzen scheinen hier nach Potonié *Aspidium thelypteris, Rubus saxatilis, Melampyrum pratense,*

---

[1]) Sie soll auch am Ostrande gefunden sein (Schriften Physik.-Oekonom. Gesellschaft Königsberg, Bd. 52, 1911, S. 202).

[2]) Schriften Physik.-Oekonom. Gesellschaft Königsberg, Bd. 50, 1909, S. 141.

488

Epipactis palustris, Listera ovata, Calamagrostis lanceolata, Viola epipsila und *Viola palustris* besonders bezeichnend zu sein. Die Zahl der Flachmoorarten (*Iris pseudacorus, Angelica silvestris, Cardamine pratensis paludosa, Lycopus europaeus, Scutellaria galericulata, Galium palustre, Peucedanum palustre, Thalictrum flavum, Urtica dioica*) nimmt hier noch mehr zu, bis sie im Erlenbruch ganz zur Herrschaft gelangen.

Im Übrigen zeigen die vorhandenen Verzeichnisse, wie ein Vergleich der örtlich mehr beschränkten Aufnahmen Wangerins (I, S. 173—174; II, S. 32) mit Potoniés aus dem ganzen Gebiet zusammengestellten Verzeichnissen ergibt, noch wenig Übereinstimmung. Eine ins Einzelne gehende Assoziations-Unterteilung wäre sehr erwünscht. Sie wird aber infolge der stetig gleitenden Verhältnisse und der bereits erwähnten Erschwerung durch die vielen Rüllen nicht leicht sein.

Für die Zwischenmoorbestände im Transgressionsgebiet gibt Wangerin (II, S. 36) aus dem Jagen 113 ein ausführliches Verzeichnis. Die Zwischenmoorbildungen sind hier ziemlich jung, sodaß geologisch sich ein Zwischenmoortorf noch nicht ausscheiden ließ. Auch die Flachmoorwälder im Transgressionsgebiet nähern sich nach Wangerin durch die starke Einmischung von Fichten und im Unterwuchs (*Aspidium cristatum, Calamagrostis lanceolata, Carex lasiocarpa, Menyanthes*) bereits dem Zwischenmoorstadium. Ein Verzeichnis gibt Wangerin (II, S. 35, 36) aus dem Jagen 86.

Die primären Flachmoorbestände sind bereits bei der Haffverlandung geschildert worden (vgl. S. 461). Ein genaues Verzeichnis gibt Wangerin (I, S. 169—170) aus dem Jagen 222.

Für die Vegetation der prächtigen, im Süden an das Moor grenzenden Wälder auf Diluvialboden gibt Wangerin (I, S. 169) ebenfalls einige Aufnahmen. Daraus seien an bemerkenswerten Arten genannt: aus den Jagen 165 und 140 (Schweizut-Hügel) *Festuca gigantea, Allium ursinum, Viola mirabilis, Hepatica, Actaea, Asarum, Arctium nemorosum*; aus dem Jagen 63 (Lindenhügel) *Festuca silvatica, Asarum, Daphne mezereum, Actaea, Sanicula, Polygonatum officinale, Ranunculus cassubicus, Arctium nemorosum*. Es sind meist reiche Mischwälder mit vorherrschender Fichte, doch kommen auch reine Fichten- und reine Hainbuchenwälder (Jagen 171) vor.

IX. Die Zehlau.

Die Zehlau gehört dem zweiten von Gross unterschiedenen ostpreußischen Moorgebiete an. Sie liegt in dem schwach welligen nördlichen Vorland des preußischen Landrückens, 31 km südöstlich von Königsberg (Meßtischblatt 283 Grünbaum). Das 2400 ha große Hochmoor ist seit 1907 bekanntlich Naturschutzgebiet. Aus verschiedenen Gründen möchten wir hier auf eine zusammenfassende Vegetationsbeschreibung verzichten und außer unseren eigenen Beobachtungen nur das zum Verständnis unbedingt Nötige erwähnen.

Die Zehlau unterscheidet sich in verschiedenen Punkten von den einem Verlandungsgebiet angehörenden Hochmooren des Memel-Deltas. Wenn auch keine stratigraphischen Untersuchungen vorliegen, so dürfte das Moor doch größtenteils einen Transgressionskomplex darstellen. Einer zwar sehr unruhigen, aber nur mit flachen Erhebungen ausgestatteten Grundmoränenlandschaft aufgesetzt, entwässert es nach allen Himmelsrichtungen durch eine

Anzahl flacher Rinnen. Prächtig sind die Versumpfungsbilder in den größtenteils noch von Wald bedeckten anstoßenden Diluvialgebieten. Aber die morphologischen Verhältnisse der Umgebung (die vielen „Passpunkte" der diluvialen Umrahmung) bringen es mit sich, daß einheitliche längere Laggteile nirgends vorhanden sind. Das Fehlen tieferer Laggschwingrasen und das gänzliche Fehlen von Rüllen sind der Hauptgrund dafür, daß die Zehlau viel weniger pflanzenreich ist als die Memel-Moore. Die vielen an seltenen höheren Pflanzen und Moosen so reichen Lagg- und Rüllen-Assoziationen des Großen Moosbruches und des Nemonier Moores fehlen der Zehlau fast ganz. Die Randgebiete sind außerdem durch die Entwässerungsanlagen der anstoßenden Forsten und Wiesengebiete mehr oder minder stark beeinflußt.

Dafür ist die Vegetation der weiten Hochfläche in ihrer ganzen Ausdehnung fast unberührt erhalten. Allerdings hat man bis tief in das Moor hinein Entwässerungsgräben gezogen und der nördliche Teil der Hochfläche wird sogar von einem ausgedehnten Netz solcher Gräben durchquert. Wenn Steinecke (II, S. 5) über die dadurch hervorgerufenen Veränderungen kurz hinweggeht, so möchten wir doch darauf aufmerksam machen, daß sie nicht so leicht zu nehmen sind. Es sind gerade die bemerkenswertesten Stellen der Hochfläche, die durch diese Gräben bedroht werden. Das ewige Einerlei des Regenerationskomplexes wird nämlich wohltuend durch 4 verschieden große Teichkomplexe unterbrochen. Der ausgedehntere, aus zahlreichen, jedoch kleineren Teichen zusammengesetzte Komplex liegt im Südwesten der Hochfläche bei den Höhenpunkten 37,1—37,6—38,3 des Meßtischblatts. Er wird durch einen zum Südwestrande gehenden künstlichen Graben angezapft. Besonders abweichend in ihrer Vegetation sind der südöstliche und der nordöstliche Teichkomplex (ersterer beim Höhenpunkt 36,7 des Meßtischblatts gelegen), die kaum $^1/_2$ km voneinander entfernt sind und wohl die größten Teiche des Moores enthalten. Beide werden durch den nach Norden gehenden, tief in das Moor einschneidenden, ebenfalls künstlichen „Zehlau-Graben" ziemlich gründlich entwässert. Der westliche Graben sowie der „Zehlau-Graben" waren kurz vor unserem Besuch frisch ausgehoben worden. Auf die dadurch bewirkten ziemlich weitgreifenden Vegetationsveränderungen werden wir noch zurückkommen. Der vierte von uns nicht besuchte nordwestliche Teichkomplex (bei dem Höhenpunkt 37,4 des Meßtischblatts), den Steinecke (I, S. 17—18) besonders bei seinen Algenuntersuchungen berücksichtigte, ist durch einen Seitengraben an das „Kuhfließ" angeschlossen, einen sehr tiefen und breiten Entwässerungsgraben, der auf seinem Verlaufe über den nördlichen Teil der Hochfläche sogar Veränderungen in Richtung eines Randkomplexes hervorgerufen hat.

Schon Steinecke (I, S. 14; II, S. 21) fiel das wenig bultige Gepräge der Hochmoorfläche auf. „Während trockene Hochmoore Nordwest-Deutschlands einem wild bewegten See ähnlich sehen, dessen Wellen plötzlich erstarrt sind, während man dort in nassen Zeiten das Moor nur von Bult zu Bult springend durchqueren kann, erscheint die Zehlau als eine ebene Fläche, auf der die Bulte durchschnittlich 20 bis 50 m voneinander entfernt sind" (Steinecke II, S. 21). In diesem Punkte gleicht die Zehlau ganz der Didžioji Pline bei Tauroggen (vgl. S. 458) und unterscheidet sich auf den ersten Blick von den stark bultigen Hochmooren des Memel-Deltas, besonders dem Nemonier Hochmoor. Trotzdem gehört der größte Teil der Hochfläche einem typischen Regenerationskomplex an.

In der Mitte zwischen dem Höhenpunkt 37,1 des südwestlichen Teichkomplexes und dem auffallend dichten Kiefernrudel, das mitten im Hochmoor westlich Jagen 15 der Bögener

Forst liegt, zeigte der Komplex die in Textfig. 14 wiedergegebene Beschaffenheit. Die Hochfläche ist hier arm an Kiefern und verhältnismäßig eben. *Scirpus* überwiegt. Die spärlich
vorhandenen, schlecht abgegrenzten *Calluna*-Bulte sind in Textfig. 14 aus der Fläche nicht
ausgeschieden worden. Schlenken sind ziemlich reichlich vorhanden, größtenteils parallel
dem nächsten Hochmoorrand angeordnet. In ihnen lassen sich eine *Andromeda*-Assoziation
und eine *Scheuchzeria-Carex limosa*-Assoziation gut unterscheiden, die in der üblichen Weise
gürtelartig ineinander eingeschachtelt sind.

Die Grenzen der drei in Textfig. 14 dargestellten Bestände waren infolge der längeren
Trockenheit, die vor unserem Besuch herrschte, überraschend scharf. Bewirkt wurde dies

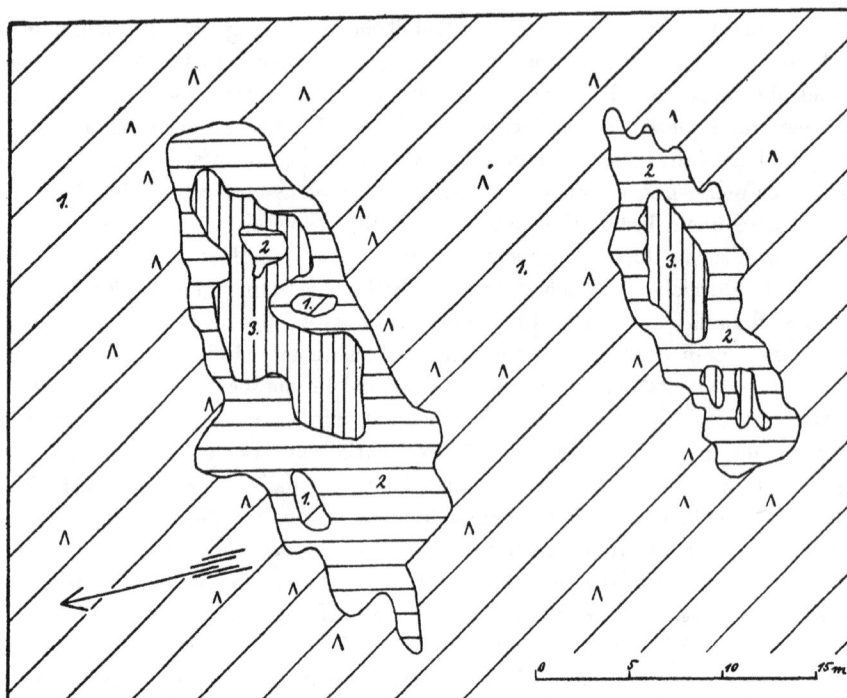

Textfig. 14. Die Zehlau. Zwei Schlenken der Hochfläche östlich des südwestlichen Teichkomplexes. (1. *Scirpus caespitosus-Calluna*-Fläche mit zerstreuten Krüppelkiefern, 2. *Andromeda*-Assoziation, 3. *Scheuchzeria*-Assoziation. — Der Pfeil gibt die Richtung des
nächsten Hochmoorrandes an).

durch die verschiedenen Farbtöne der Sphagna, die bei ausgetrockneten und bei völlig im-
bibierten Pflanzen sehr verschieden sind. Die *Scirpus-Calluna*-Fläche besitzt bereits eine geschlossene *Sphagnum*-Decke. Doch ist diese oberflächlich ganz ausgetrocknet. Deshalb überwiegen weißgrüne Töne. Die roten sind nur ganz schwach beigemischt. In den *Andromeda*-Be-
ständen waren die Sphagna bis zu einer scharfen Grenze gegen die höheren Bestände feucht.
Sie zeigten leuchtende rote und grüne Farbtöne in buntem Durcheinander. Zusammen mit dem
leuchtenden Rot der *Drosera anglica* überwiegen jedoch die roten Farbtöne. Das Graugrün
der *Andromeda* tritt weniger hervor. Der *Scheuchzeria-Carex limosa*-Bestand hebt sich mit

seiner leuchtend gelbgrünen, wassergetränkten dichten Decke von *Sphagnum cuspidatum* gut gegen den vorigen Bestand ab. Dazu paßt außerdem gut das Gelbgrün der *Scheuchzeria*-Stengel und -Blätter (vgl. Taf. 11 Abb. 3).

Die genauere Zusammensetzung war folgende:

1. Scirpus-Calluna-Fläche.

Pinus silvestris ($^1/_2$—2 m hoch,
    5—10 m Abstand) 1

Calluna vulgaris 2
Ledum palustre 1
Empetrum nigrum 1
Andromeda polifolia 1—
Rubus chamaemorus 1
Drosera rotundifolia 1
Scirpus caespitosus 2—3
Eriophorum vaginatum 1—2
Vaccinium oxycoccus 1

Sphagnum fuscum 3
Sphagnum rubellum 2
Sphagnum medium 1
Sphagnum balticum 1—
Sphagnum molluscum 1—
Dicranum Bergeri 1
Pleurozium Schreberi 1—
Aulacomnium palustre 1—
Cephalozia connivens 1—
Lepidozia setacea 1—
Leptoscyphus anomalus 1—
Cladonia silvatica 1
Cladonia rangiferina 1.

2. Andromeda-Schlenke.

Andromeda polifolia 2
Drosera anglica 1—2
Drosera rotundifolia 1
Scheuchzeria palustris 1
Rhynchospora alba 1
Eriophorum vaginatum 1
Scirpus caespitosus 1
Vaccinium oxycoccus 1

Sphagnum rubellum 4
Sphagnum balticum 2
Sphagnum medium 1
Leptoscyphus anomalus 1
Cephalozia connivens 1
Lepidozia setacea 1.

3. Scheuchzeria-Schlenke.

Scheuchzeria palustris 2
Carex limosa 1—2
Rhynchospora alba (gegen den Rand) 1
Andromeda polifolia (gegen den Rand) 1
Vaccinium oxycoccus 1—

Sphagnum cuspidatum var. plumosum 5.

Während der südwestliche Teichkomplex, den wir nur in seinem südlichsten Teil berührten, keine besonderen Abweichungen in der Vegetation aufzuweisen scheint, fallen die beiden einander genäherten östlichen Teichkomplexe schon aus weiter Ferne durch ihre dichten hohen Kiefernbestände auf. Auch die eigenartig braungrüne Färbung der Kiefern, die wohl auf schlechten Wuchs zurückzuführen ist, macht sich, besonders bei Sonnenschein, schon von weitem bemerkbar. In dem südöstlichen Teichkomplex (vgl. Taf. 10 Abb. 3) liegen die Teiche sehr dicht beieinander. In den sehr nassen Assoziationen in der Umgebung der Teiche fehlen *Calluna*-Bulte ganz. Anstelle der Sphagna aus der Acutifolium-Gruppe sind solche aus der Cuspidatum-Gruppe herrschend geworden. Auf den Landbrücken zwischen den Teichen wächst ein nasser dichter Wollgras-Kiefernwald, in dem der verhältnismäßig ebene Boden nur durch die Wollgras-Bulte etwas uneben erscheint. Die Zusammensetzung war folgende:

Pinus silvestris (4—6 m hoch,
   im Absterben begriffen, Nadeln braun-
     grün) 4

Eriophorum vaginatum (niedrige Bulte) 4
Ledum palustre 2
Rubus chamaemorus 1—
Empetrum nigrum 1—
Calluna vulgaris 1—

Vaccinium oxycoccus 1—2

Sphagnum mucronatum var. majus 4—5
Sphagnum medium (spärliche Bulte) 1—2
Aulacomnium palustre 1—2
Polytrichum strictum 1—
Pleurozium Schreberi 1—
Dicranum scoparium 1—
Dicranum undulatum 1—.

Dieser Wald ähnelt sehr den mehr zur mesotrophen Seite neigenden Wollgras-Kiefern-wäldern, die in Zu- oder Abflußrinnen der Hochmoore gelegentlich auftreten (vgl. S. 421). Bis auf *Empetrum* stimmt er auch mit dem „nassen Wollgras-Kiefernwald" überein, den Hueck (S. 338) aus brandenburgischen Mooren beschrieben hat. Dieser Bestand macht es sehr wahrscheinlich, daß der südöstliche Teichkomplex, ebenso wie der benachbarte nord-östliche, einer überwachsenen Diluvialinsel, möglicherweise auch einer andersartigen Unregel-mäßigkeit im mineralischen Untergrund, seine Entstehung verdankt.

Am baumfreien Rand der Teiche finden sich Rhynchospora-Bestände:

Rhynchospora alba 4
Andromeda polifolia 1—2
Eriophorum vaginatum 1—2
Drosera anglica 1—2
Drosera rotundifolia 1
Vaccinium oxycoccus 1

Sphagnum rubellum 3
Sphagnum amblyphyllum var. meso-
   phyllum 2
Sphagnum medium 2.

Die *Rhynchospora*-Bestände nehmen infolge der Senkung des Wasserspiegels durch den Zehlau-Graben größere Flächen auf leergelaufenem Teichboden ein. Weiter einwärts liegen stellenweise *Scheuchzeria*-Schwingrasen mit *Sphagnum cuspidatum*. Die Teiche sind außerdem z. T. durch Rinnen miteinander verbunden, die ebenfalls in der Hauptsache von einem *Scheuch-zeria*-Bestand eingenommen werden. In diesen ist das *Sphagnum* deutlich in der Flußrichtung übergebogen und zeigt so die Wasserverschiebungen an, die infolge der Anzapfung ein-getreten sind.

Der nordöstliche Teichkomplex besteht in der Hauptsache aus 3 größeren Teichen, die in West-Ost-Richtung aneinander anschließen. Auch diese werden von einem dichten hohen Kiefernbestand umgeben, besonders im Westen und im Osten. Der größte östliche Teich erodiert an seinem östlichen Ufer ziemlich stark. Hier liegt ein besonders dichter hoher Kiefernbestand, dessen Bäume am Ufer entwurzelt sind. Am Nordostufer stirbt der Wald gegen den offenen Teichrand hin ab und geht hier in einen eigenartigen Leichenwald über (vgl. Taf. 10 Abb. 4), vielleicht eine Folge der langsamen Wanderung des Teiches nach Osten. Der Bestand selbst ist trockener als der Wald im südöstlichen Teichkomplex. Der Boden ist auch hier sehr eben. *Calluna* fehlt fast ganz. *Eriophorum vaginatum* überwiegt, ist aber infolge der Wasserspiegelsenkung zurückgegangen und hat einem *Polytrichum strictum*-Rasen immer mehr Platz gemacht. Außerdem finden sich Rudel von *Vaccinium uliginosum* und eingesprengte *Betula pubescens*, die besonders am Teichrand gut gedeihen. Gegen die offene Moorfläche hin ist der Wald stellenweise durch Menschenhand gelichtet. Hier findet sich der für solche Stellen bezeichnende junge Birkennachwuchs. Wahrscheinlich gehört der Fundort von *Lycopodium annotinum*, das Gross[1]) in einem 15 m hohen Kiefernbestand am Ufer eines Moorteiches antraf, einem der beiden östlichen Teichkomplexe an. Steinecke (II, S. 29) erwähnt an eutrophen Pflanzen aus dem Kiefernwald der Teichkomplexe außerdem noch *Aspidium thelypteris*.

An dem gradlinigen Graben zwischen den beiden Teichkomplexen trafen wir beiderseits *Rhynchospora*-Schlenken und nackte *Zygogonium*-Schlenken, die sich streng an den etwa 1 m breiten, aber tiefen Graben hielten, in dem das Wasser deutlich nach Norden floß. Sie sind eine Folge der durch den Graben bewirkten Entwässerung. An dem viel breiteren, nur auf Brücken überschreitbaren „Kuhfließ-Graben" war beiderseits die Moorfläche beträchtlich eingesunken und es hatten sich auf dem Hang gehängewald-artige Kiefernbestände angesiedelt.[2])

Südlich des südöstlichen Teichkomplexes zeigte die Hochfläche abweichendes Aussehen. Die Heide war auffallend kurz, als wenn sie vor längerer Zeit durch einen Brand zerstört worden wäre. Im Gegensatz zur sonstigen Beschaffenheit der Hochfläche trafen wir auch hier viele *Rhynchospora*-Schlenken mit eingesenkten *Zygogonium*-Schlenken.

Bemerkenswert sind einige auffallende dichtere Krüppelkiefernbestände mitten im normalen Regenerationskomplex. Der eine, schon erwähnte, liegt etwa in der Mitte zwischen dem südwestlichen Teichkomplex und Jagen 15 der Bögener Forst, ein zweiter ostnordöstlich des nordwestlichen Teichkomplexes. Beide sind auch dem Kartographen des Meßtischblattes aufgefallen. Über ihre Ursache wird vielleicht eine stratigraphische Untersuchung Aufschluß geben können.

Eine besonders bemerkenswerte Stelle des Moores ist die „Diebes-Insel", eine rings von Moor umgebene Diluvialinsel. Sie fehlt auf dem Meßtischblatt, findet sich jedoch (offenbar viel zu groß wiedergegeben) auf dem Kärtchen, das Steinecke (I, S. 10) von der nördlichen Moorhälfte gibt. Sie liegt nahe dem Nordostrande des Moores, etwa 200 m südlich des das Moor in Ost-West-Richtung schneidenden „Dammgestells" (D) in der Verlängerung des „Birkenwinkelgestells" (u). Die kaum 20 m im Durchmesser erreichende, aber ziemlich steil ansteigende Diluvialkuppe ist mit weithin sichtbaren, sehr hohen alten Kiefern und Fichten bestanden, von denen viele abgestorben sind, aber noch in natürlicher Stellung als seltsame Baumleichen sich dem lichten Bestand beimischen. Der völlig trockene Boden trägt wenig Unterwuchs, ist aber dicht mit umgefallenen Bäumen und abgefallenem Holz bedeckt, ein prachtvolles Bild unberührter Natur. Rings herum läuft ein sehr schmaler, bei unserm Besuch trockener Lagg.

Etwa im Abstand von 300 m wird die „Diebes-Insel" im Süden und Westen von einigen dichteren, auf Hochmoor gelegenen Krüppelkiefernbeständen umgeben, die fast den Eindruck eines (durch Abholzen?) gesprengten Gehängewaldgürtels machen und auch auf dem Meßtischblatt angedeutet sind (vgl. auch die Karte bei Steinecke I, S. 10).

---

[1]) Schriften Physik.-Ökonom. Gesellschaft Königsberg, Bd. **52**, 1911, S. 189.
[2]) Es wäre sehr zu wünschen, daß die Reinigung der Gräben im Naturschutzgebiet unterbliebe. Geringe Verschiebungen des Wasserstandes rufen große horizontale Verschiebungen der natürlichen Assoziationen hervor. Gerade für die Untersuchung der natürlichen Veränderungen innerhalb der Teichkomplexe müßte jeder menschliche Einfluß ferngehalten werden. Auch die absterbenden Waldreste an den Teichen müßten vor Abholzen, Brand usw. sorgfältig geschützt werden.

494

Im Übrigen ist der Gehängewald auf dem flachen Nord- und Nordwestgehänge gegen den Wald nur schwach ausgebildet. Besser tritt der Gehängewald im Südwesten und Süden hervor. Hier ist an der Grenze gegen die benachbarten Wiesen der Hochmoorhang steiler. Allerdings ist durch den Grenzgraben die Trockenheit des Gehänges künstlich verstärkt worden.

Die randlichen Wälder auf Diluvialboden bieten prächtige Bilder der allmählichen Versumpfung. Auf die Wiedergabe einiger Aufnahmen aus den Jagen 8, 4, 3 und 2 der Forst Gauleden möchten wir jedoch wegen ihrer Ungleichförmigkeit verzichten. Der starke Wechsel der Bestände, der seinen Grund hat in dem sehr unruhigen, von zahlreichen Rinnen durchzogenen Gelände, erschwert sehr das Herauslesen auch nur einigermaßen gut umgrenzter Assoziationen. Die ersten Versuche einer Unterscheidung ziemlich weit gefaßter Pflanzengesellschaften finden sich bei Steinecke (I, S. 11) und Gross (S. 231).

(Abgeschlossen am 15. Mai 1927.)

Literaturverzeichnis.

Gross, H., Ostpreußens Moore mit besonderer Berücksichtigung ihrer Vegetation (Schriften Physik.-Ökonom. Gesellschaft Königsberg, Bd. 53, 1912, S. 183—264).

Hueck, K., Vegetationsstudien auf brandenburgischen Hochmooren (Beiträge zur Naturdenkmalpflege, Bd. 10, 1925, S. 309—408).

Kaunhowen, F., Die geologischen Verhältnisse der Gegend von Nemonien, Ostpreußen (Jahrbuch Kgl. Preuß. Geolog. Landesanstalt, Bd. 32 (1911), 1912, S. 285—310).

Klautzsch, A., Die geologischen Verhältnisse des Großen Moosbruches in Ostpreußen unter Berücksichtigung der jetzigen Pflanzenbestände (Jahrbuch Kgl. Preuß. Geolog. Landesanstalt, Bd. 27, 1906, S. 230—258).

Kupfer, K. R., Grundzüge der Pflanzengeographie des ostbaltischen Gebietes, Riga 1925.

Osvald, H., Die Vegetation des Hochmoores Komosse, Upsala 1923 — Svenska Växtsociol. Sällsk. Handl. I.

Potonié, H., Die recenten Kaustobiolithe und ihre Lagerstätten, 2. Aufl., Bd. I—III, Berlin 1908—1912.

Steinecke, Fr., I. Die Algen des Zehlau-Bruches in systematischer und biologischer Hinsicht; Kap. 2 Das Zehlau-Bruch (Schriften Physik.-Ökonom. Gesellschaft Königsberg, Bd. 56 (1915), 1916, S. 9—22).

—— II. Die Zehlau, ein staatlich geschütztes Hochmoor (Naturdenkmäler, Vorträge und Aufsätze herausgeg. v. d. Staatlichen Stelle für Naturdenkmalpflege, Heft 20, Berlin 1919 [Bd. 2, Heft 10]).

Tornquist, A., Geologie von Ostpreußen, Berlin 1910.

Wangerin, W., I. Untersuchung der Vegetationsverhältnisse im westlichen Teil des Großen Moosbruches (Schriften Physik.-Ökonom. Gesellschaft Königsberg, Bd. 55 (1914), 1915, S. 168—180).

—— II. Fortsetzung der Untersuchung der Vegetationsverhältnisse des Großen Moosbruches im Kreise Labiau im Sommer 1914 (Schriften Physik.-Ökonom. Gesellschaft Königsberg, Bd. 58 (1917), 1918, S. 30—43).

—— III. Untersuchung der Vegetationsverhältnisse des Großen Moosbruchs (Schriften Physik.-Ökonom. Gesellschaft Königsberg, Bd. 59 (1918), 1919, S. 65—88).

Weber, C. A., Über die Vegetation und Entstehung des Hochmoors von Augstumal im Memel-Delta, Berlin 1902.

E. Stechow, Naturgeschichte Lithauens, 10. Abh. — H. Reimers u. K. Hueck, Vegetationsstudien a. lith. u. ostpreuss. Hochmooren.

Abb. 2. Hochmoor von Ežeretis. *Rhynchospora*-Komplex in der Südbucht.

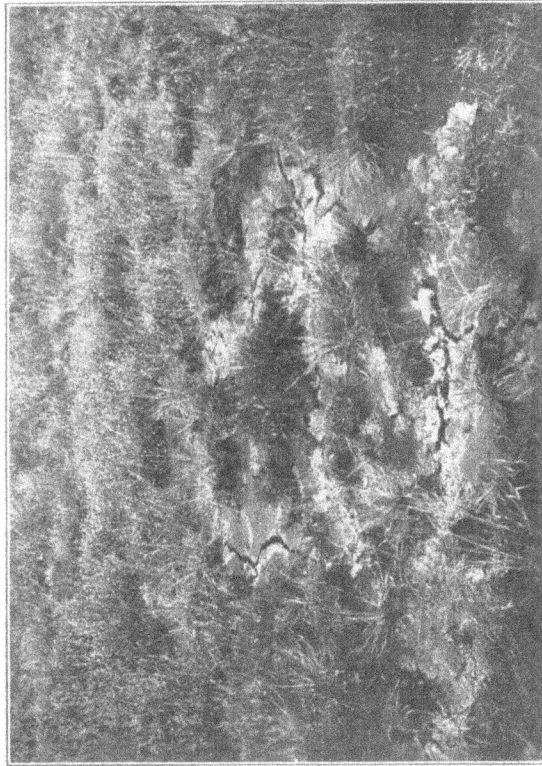

Abb. 4. Hochmoor von Ežeretis. *Zygogonium*-Schlenke im trockenen Zustand.

Abb. 1. Hochmoor von Ežeretis. *Andromeda*-Schlenken zwischen Zwergstrauch-beständen auf der abgebrannten Hochfläche.

Abb. 3. Hochmoor von Ežeretis. *Zygogonium*-Schlenke im feuchten Zustand.

Abb. 6. Hochmoor von Ežeretis. Randnahe Hochflächen-Facies der Südbucht gegen den diluvialen Rand gesehen.

Abb. 8. Hochmoor von Ežeretis. *Rubus chamaemorus* im randwaldartigen Bestand am Westkolk.

Abb. 5. Hochmoor von Ežeretis. Randnahe Hochflächen-Facies der Südbucht gegen das offene Moor gesehen.

Abb. 7. Hochmoor von Ežeretis. Gürtelförmige Anordnung der Assoziationen am Westkolk.

E. Stechow, Naturgeschichte Lithauens, 10. Abh. — *H. Reimers u. K. Hueck, Vegetationsstudien a. lith. u. ostpreuss. Hochmooren.*

Abb. 10. Hochmoor von Eźeretis. Flachmoor der Verbindungssenke.

Abb. 12. Hochmoor Kamanai. *Rhynchospora*-Komplex der „Mittelsenke" mit zerstreuten Zwergstrauchbulten und *Sphagnum cuspidatum*-Schlenken.

Abb. 9. Hochmoor von Eźeretis. Blick vom Strandwall des Ost-Sees auf die Verlandungsbestände an Südufer und auf den gegenüberliegenden Gehängewald.

Abb. 11. Hochmoor Kamanai. Regenerationskomplex der nördlichen Hochfläche.

E. Stechow, Naturgeschichte Lithauens, 10. Abh. — H. Reimers u. K. Hueck, Vegetationsstudien a. lith. u. ostpreuss. Hochmooren.

Abb. 14. Hochmoor Kamanai. Nördlicher *Rhynchospora*-Komplex.

Abb. 16. Hochmoor Kamanai. Der größte der „Nordteiche".

Abb. 13. Hochmoor Kamanai. *Rhynchospora*-Komplex der „Mittelsenke".

Abb. 15. Hochmoor Kamanai. Der kleinste der „Nordteiche" mit *Chamae-daphne calyculata*.

TAFEL 5.

E. Stechow, Naturgeschichte Lithauens, 10. Abh. — H. Reimers u. K. Hueck, Vegetationsstudien a. lith. u. ostpreuss. Hochmooren.

Abb. 18. Hochmoor Kamanai. Links die baumfreie Fläche der „Rülle 2", gegen den diluvialen Rand gesehen, rechts dichterer Krüppelkiefernbestand am Übergang der Rülle zur Hochfläche.

Abb. 20. Hochmoor Kamanai. Oberes Ende eines Seitenzweiges der Bugoi-Rülle, die im Randwald mit *Phragmites* einsetzt.

Abb. 17. „Inselteich" im nördlichen Teil des Hochmoors Kamanai.

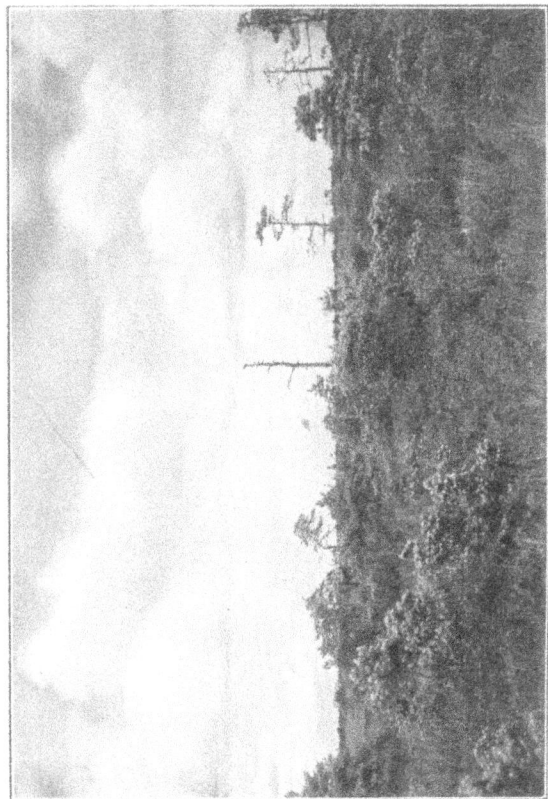

Abb. 19. Hochmoor Kamanai. „Randwald" an der „Rülle 3" mit viel *Rubus chamaemorus*. Durch eine Lücke im Kiefernbestand ganz links sieht man die baumfreie Fläche der Rülle.

TAFEL 6.

E. Stechow, Naturgeschichte Lithauens, 10. Abh. — H. Reimers u. K. Hueck, Vegetationsstudien a. lith. u. ostpreuss. Hochmooren.

Abb. 22. Hochmoor Kamanai. Unterer baumfreier Teil der Bugoi-Rülle, die von rechts vom Hochmoor herabkommt. Der hohe Wald im Hintergrund steht bereits auf Diluvium.

Abb. 24. Hochmoor Tiruliai bei Sideriu. Hochfläche mit viel *Vaccinium uliginosum*, ohne Schlenken. Links der Randwald.

Abb. 21. Hochmoor Kamanai. Oberer Teil der Bugoi-Rülle. Rechts der Übergang der Rülle in den „Randwald".

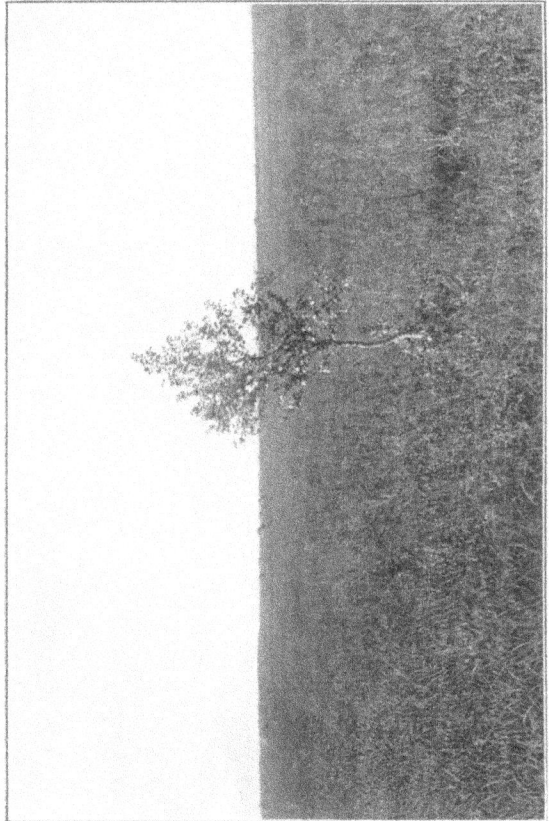

Abb. 23. Weites Flachmoor im Süden des Hochmoores Tiruliai bei Sideriu, z. T. gemäht.

E. Stechow, Naturgeschichte Lithauens, 10. Abh. — H. Reimers u. K. Hueck, Vegetationsstudien a. lith. u. ostpreuss. Hochmooren.

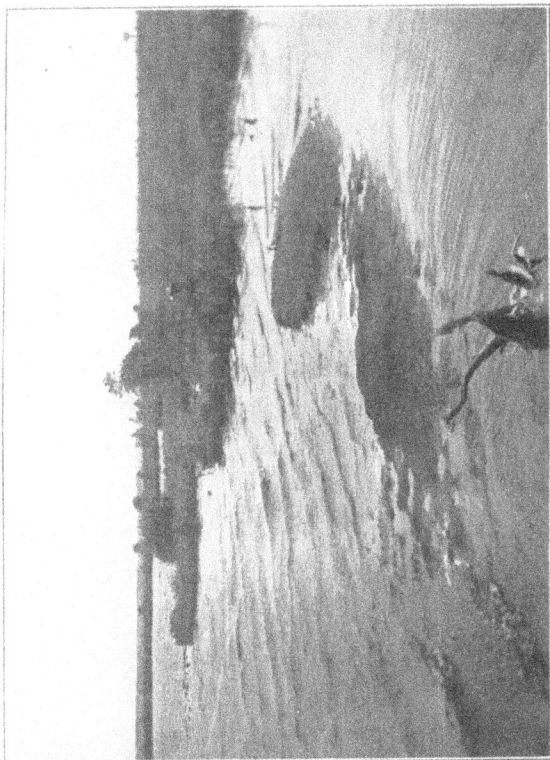

Abb. 26. Hochmoor Sulinai. Nackte Torfbänke am westlichen Abrasionsufer des Restsees.

Abb. 28. Didžioji Pline bei Tauroggen. Birkenzwischenmoor am See Buvéiniu mit vorherrschendem *Aspidium thelypteris*

Abb. 25. Hochmoor Sulinai. Nackte Torfrinne im Erosionskomplex am Westufer des Restsees. Im unteren Teil der Rinne ein *Calla*-Bestand.

Abb. 27. Fichtensumpfwald in einer Bruchwaldrinne der Forst Tauroggen.

Abb. 30. Breiter nackter Faulschlammstreifen am Haffufer vor Juwendt.

Abb. 32. Großes Moosbruch. Randwald gegenüber Vängteshuk im Jagen 151.

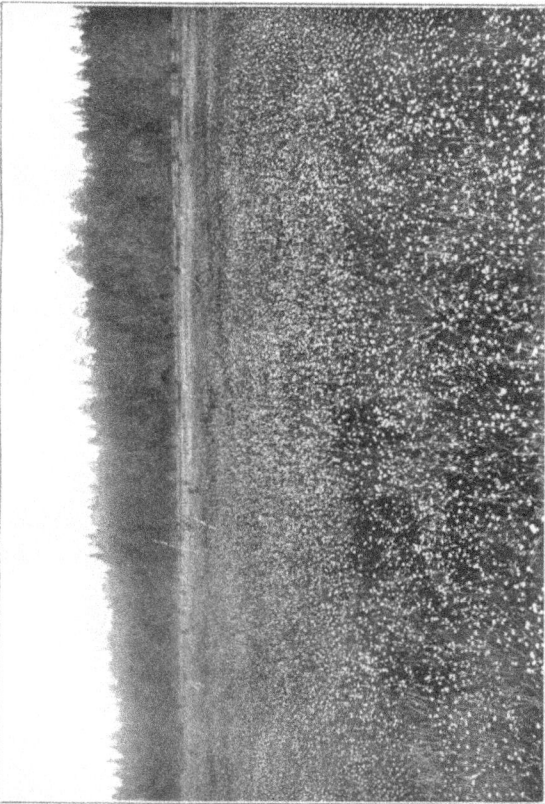

Abb. 29. Didžioji Pline bei Tauroggen. Ausgedehnte *Rhynchospora alba*-Bestände am Nordrand des Hochmoors.

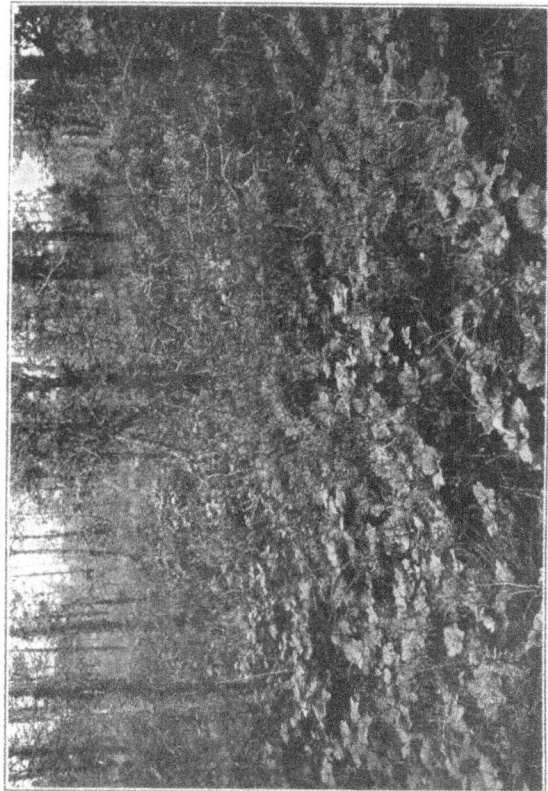

Abb. 31. Didžioji Pline bei Tauroggen. *Rubus chamaemorus*-reicher *Pinus-Ledum*-Wald vor dem Hochmoorhang östlich des Sees Buveiniu.

TAFEL 9.

E. Stechow, Naturgeschichte Lithauens, 10. Abh. — H. Reimers u. K. Hueck, Vegetationsstudien a. lith. u. ostpreuss. Hochmooren.

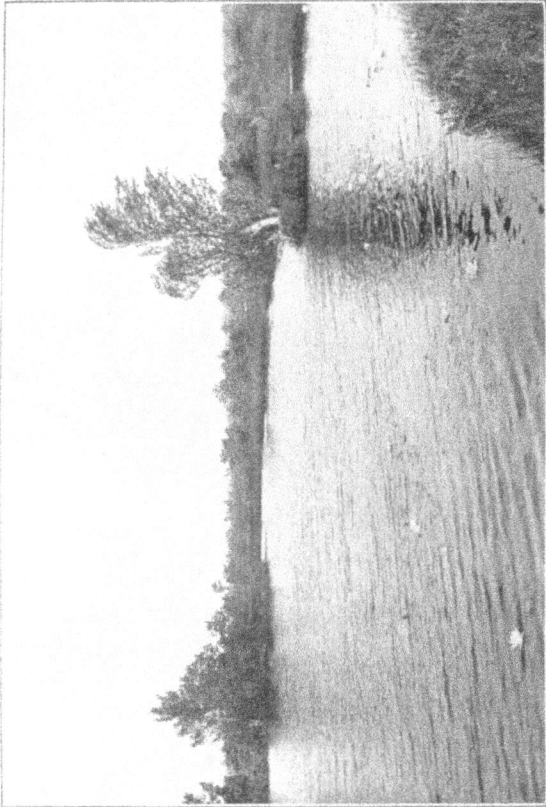

Abb. 34. Großes Moosbruch. Teich mit *Nymphaea candida* aus dem nordwestlichen Teichkomplex.

Abb. 36. Nemoniener Hochmoor. Die „Jordanrülle" (ein alter Fahrweg) im Jagen 241 gegen den Schweizut-Hügel gesehen. Rechts an der Rülle im Vordergrunde ein großes *Chamaedaphne*-Rudel. Beiderseits die randnahe Facies der Hochflächenvegetation.

Abb. 33. Großes Moosbruch. Aus dem nordwestlichen Teichkomplex.

Abb. 35. Großes Moosbruch. Blick von der Hochfläche im Jagen 161 gegen die kleine Diluvialinsel „Vángteshuk". Beiderseits der von einem *Rhynchospora*-Bestand eingenommenen Wegrinne der zunächst niedrig einsetzende Randwald.

E. Stechow, Naturgeschichte Lithauens, 10. Abh. — H. Reimers u. K. Hueck, Vegetationsstudien a. lith. u. ostpreuss. Hochmooren.

Abb. 38. Nemonien Hochmoor. *Ledum*-reicher Randwald an der Spitze des Schweizut-Hügels im Jagen 189.

Abb. 40. Zehlau. Nordöstlicher Teichkomplex. Absterbender Kiefernwald am nordöstlichen Erosionsufer des größeren östlichen Teiches.

Abb. 37. Erlenbruchwald im primären Flachmoorgebiet der Forst Nemonien (Jagen 29). Die *Urtica dioica* im Vordergrunde steht auf dem niedrigen schmalen Damm neben dem Gestellgraben.

Abb. 39. Zehlau. Südöstlicher Teichkomplex. Einer der Teiche mit dem umgebenden hohen Wollgras-Kiefernwald.

Abb. 42. Zehlau. Bultenarme, ebene Hochfläche östlich des südwestlichen Teich-komplexes gegen Nordosten gesehen.

Abb. 44. Erlenbruchwald im primären Flachmoorgebiet der Forst Nemonien (Jagen 84). Eine „Gestell"kreuzung mit einem der charakteristischen hohen Holzstege.

Abb. 41. Großes Moosbruch. Regenerationskomplex auf der Hochfläche zwischen Lauknen und Vängteshuk (neuer Jagen 176).

Abb. 43. Zehlau. Die auf Textabb. 14 dargestellte größere Schlenke von Süd-westen gesehen. Rechts im Vordergrund die *Andromeda*-Ass. Der Hintergrund der Schlenke größtenteils eingenommen von der *Carex limosa-Scheuchzeria*-Ass.

Fig 45 Verkleinerter Ausschnitt aus dem Meßtischblatt Nemonien vom Jahre 1911
(etwa 1 : 30000).

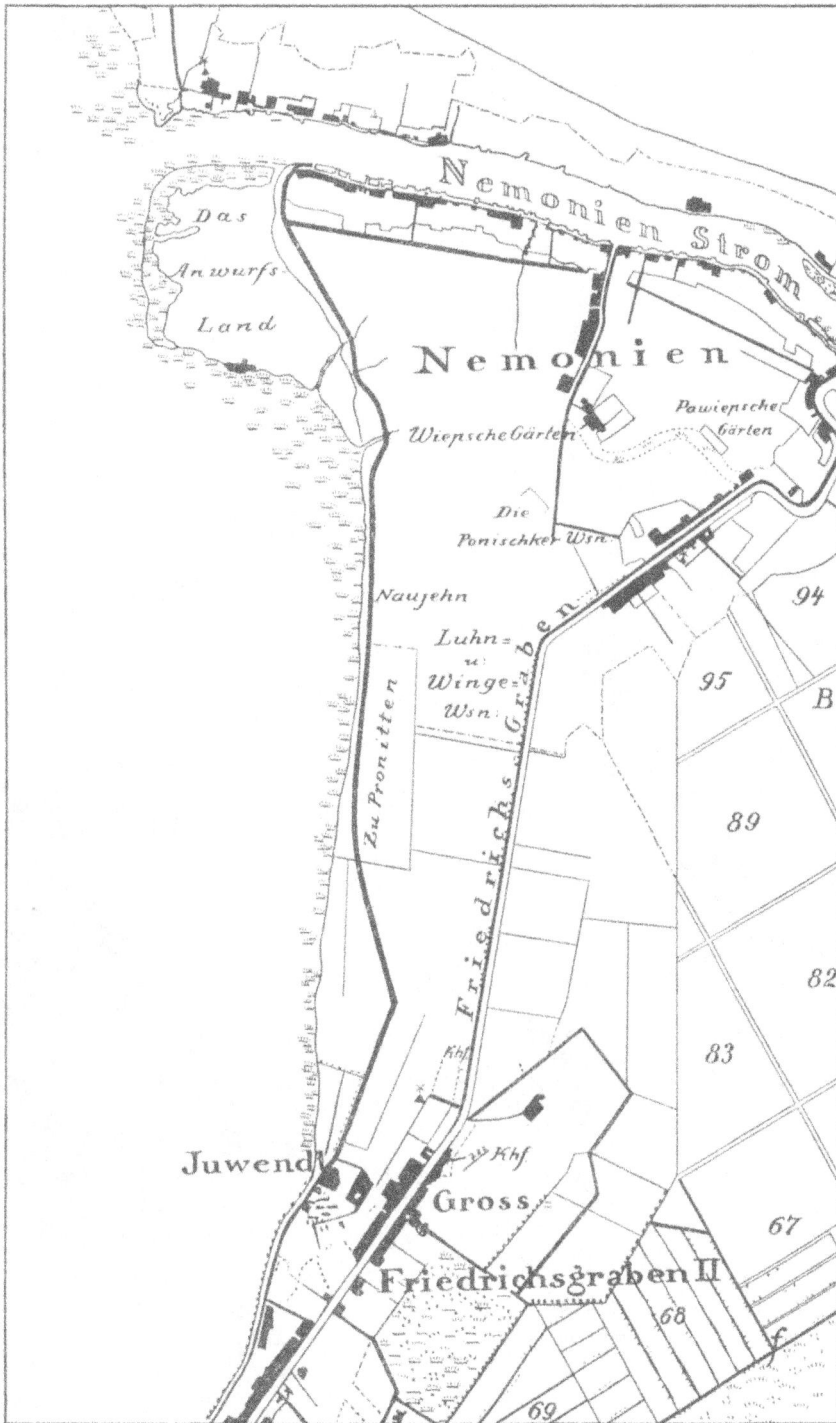

Fig 46. Verkleinerter Ausschnitt aus dem Meßtischblatt Nemonien vom Jahre 1861
(etwa 1 : 30 000).

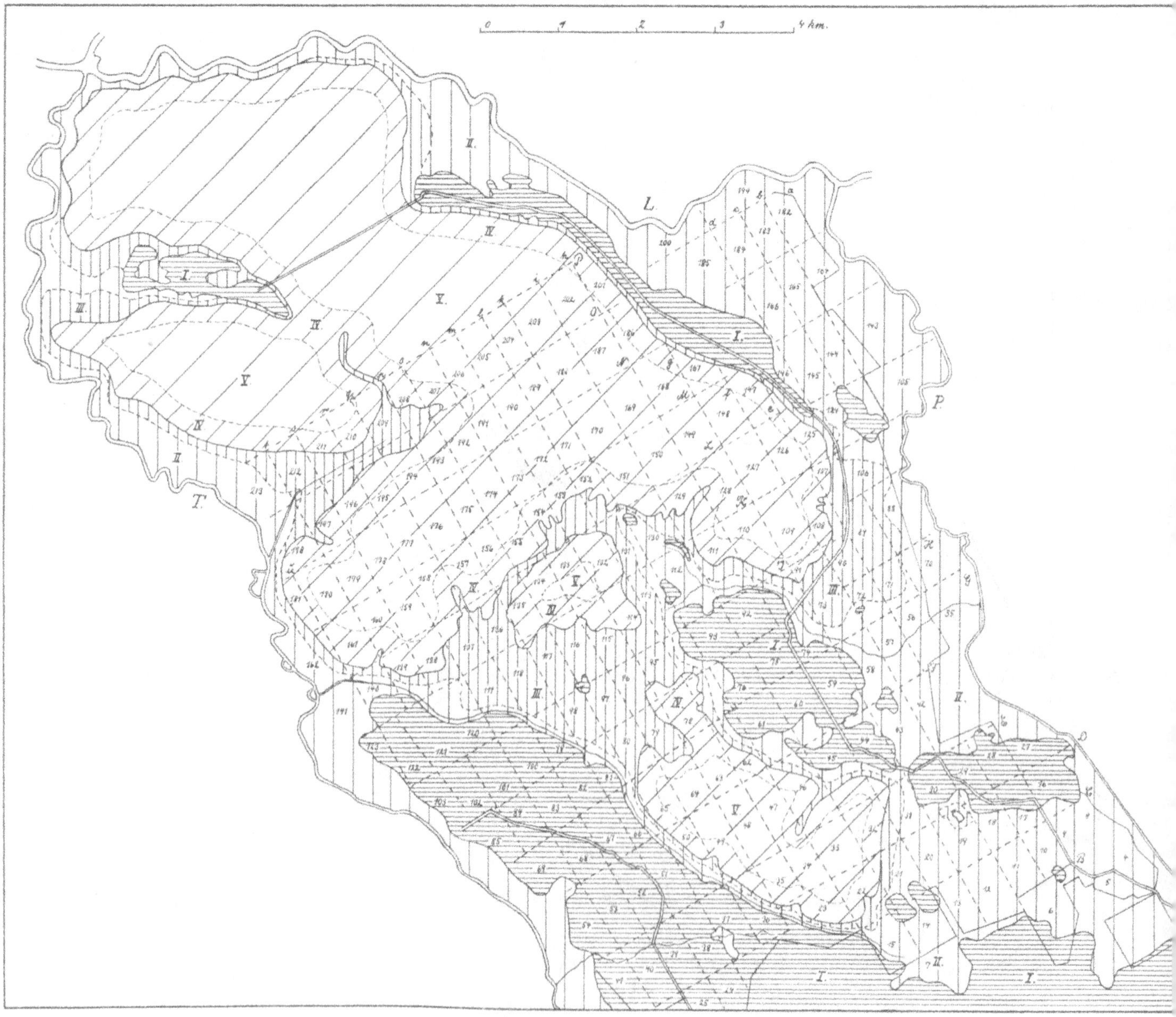

Karte 1. Das Große Moosbruch. 1 : 75000.

Nach der geologischen Karte von Klautzsch (1906) gezeichnet von H. Reimers
(Erklärung der Signaturen und Abkürzungen siehe Karte 2)

Karte 2. Das Nemoniener Hochmoor. 1 : 75 000.

Auf der Grundlage des Meßtischblattes unter Benutzung der geologischen Skizze von Kaunhowen (1911). der Angaben Wangerins und nach eigenen Beobachtungen gezeichnet
von H. Reimers.

Erklärung der Signaturen

I. Diluvium   III Zwischenmoor
II. Flachmoor

Karte 1.	Karte 2.
IV. Gehängewald	IV. Rüllen
V. Offene Hochmoorfläche	V. Gehängewald
	VI. Offene Hochmoorfläche

Erklärung der Abkürzungen

Karte 1.

T = Timber-Strom
L = Lauknen-Strom
P = Parve

Karte 2.

J = Juwendt	W = Wilhelmsrode
H = Alt-Heidendorf	$A.S.$ = Alt-Sussemilken
F = Franzrode	$N.S.$ = Neu-Sussemilken